禾^鸟
UnRead
–
探索家

会动的相对论

一张卡片

发现爱因斯坦的神奇时空

COMPRENDRE
EINSTEIN
EN ANIMANT SOI-MÊME
L'ESPACE-TEMPS

Stéphane Durand

THEORY
OF
RELATIVITY

〔加〕斯蒂芬·杜兰德————著 张芳————译

北京联合出版公司
Beijing United Publishing Co.,Ltd

前言

爱因斯坦的相对论绝对是众多科学理论中最广为人知的。因为它是人类思想发展史上一次根本性的变革，如今，它是人类理解宇宙的一个理论基础。可是相对论也是最不为大众所理解的理论。为什么呢？因为我们对它的直观印象就是高深而无法理解。确实，相对论看上去是如此抽象，如此颠覆常识，以致大部分人都觉得只有借助数学，并且进行很深入的研究之后才能理解它。而这其实是完全错误的。有一种非常直观的方式可以帮助我们理解相对论，这也正是这本小书想要证明的。

相对论诞生于1905年，它让人们重新审视宇宙，特别是重新思考牛顿提出的绝对时间和绝对空间理论。事实上，和表象完全相反，时间和空间并不是两个独立的实体，而是相互关联的概念，因此我们将它们合并为一个"时空"概念。然而在1905年之前，人们一直觉得牛顿的观点是完全正确的。诚然，日常生活的经验告诉我们：时间流逝的速度对于所有人来说都是一样的，物体的长度也是清晰准确的。然而这些关于时间和空间的设想貌似"显而易见"，却只是针对一个异常复杂的情况做出了并不准确的描述：时间的流逝可以变慢，空间可以收缩，一个人的未来可以是另一个人的过去，两个人变老的速度可能不同，等等。所有这些推论听上去是无稽之谈，可是大部分都已经在实验中被证实了。

本书旨在用较小的篇幅来介绍相对论最基础、最革命性的观点。本书的介绍建立在一个被简化了的时空概念基础之上。书中附赠带有缝隙的不透明的卡片，将它放在书中的图像上，你可以自己动手还原时空中的情景。这种可视的操作可以使读者以一种直观的方式去理解相对论中最艰深难懂的部分。事实上，当我们使用这样的解释方法时，那些乍看来无法理解甚至有违逻辑的现象就变得非常合乎情理了。[1]

当然，这本书不是要详尽地介绍相对论，而是集中介绍其中的重点。我们推荐的方法是要让读者直奔主题，理解为什么时间和空间是相对的概念，了解时空相对的结果。尤其是这个方法还能帮助我们区别什么是相对的，什么不是相对的，因为在相对论中，并不是所有东西都是相对的。例如，时空本身就是绝对的。当然，阅读这本书需要集中注意力，但是关于这个主题就不用了：发现宇宙隐藏的逻辑了吗？

第一章和第二章是关于相对论最著名的两个效应的简短的导论：时间的膨胀和长度的收缩。第三章解释了将时间理解为第四维度的意义并且引出时空的概念。第四章是这本书的核心：在这一章，我们介绍了相对论的三个基础效应并以时空的术语对它们进行解释。第五章通过解决相对论中最重要的两个悖论来深化我们对一些要点的理解。第六章告诉我们为什么光速是非常特殊的，以及它为什么是一个无法跨越的限制。

最后，我们还为那些已经拥有一定物理知识并且想继续深入了解相对论的人准备了"延伸阅读"部分。最后要说的是，是否阅读在页面下方的注解（有些比较详尽和深入）并不影响对全书的理解。

---

1. 如果您已经熟悉相对论，那么请将书翻至第79页，阅读"延伸阅读"的第一部分，那里有我们所推荐的简化时空方法的详尽说明。

目录

致 谢

  这本书的完成经历了一个漫长的过程，很多人在书稿撰写的不同阶段做了部分或者全部的审读，在此我表示衷心感谢。他们非常多的评语帮助我将书稿修改得更好。因此感谢罗伯特·安萨拉格、席琳·比埃洛、西尔万·查邦纽、西尔万·乔米特、皮尔·迪讷、盖伊·杜兰、埃里克·福涅尔、伯努瓦·格鲁克斯、让-马克·李维·勒布隆、让-马克·丽娜、米歇尔·朗廷、让-弗朗索瓦·马勒布、乔斯林·马塞、维罗尼克·巴热、马克·瑟甘和伯努瓦·维伦纽夫、还有我亲爱的瓦雷莉·拉格朗日，她虽然不懂这本书，却用很多种方式赋予我灵感。

谢谢我的女儿法妮，谢谢她每天都在向我论证一点：并不是一切都是相对的。

1

时间的膨胀

 在这一章我们将谈及相对论的第一个效应：
"时间的膨胀"，它可以使两个人以不同的速度衰老。

爱因斯坦的相对论颠覆了人类关于时间和空间的认知。时间的流逝可以减缓，空间可以收缩，一个人的未来可以是另一个人的过去，光速是一个不可逾越的限制，时间是第四维度，两个人衰老的速度可以不同，等等。以上就是相对论带给我们的令人困惑的推论。之后我们会看到，在四维时空的框架下，我们可以理解这些相互紧密联系的推论。

在相对论带给我们的启示中，最颠覆三观的当然是两个人衰老速度的不同，以及去未来旅行的可能。我们来想象下面的故事。在 2000 年，一对双胞胎 20 岁，他们当中有一个人乘坐高速火箭去了外太空，他的旅行持续了一年。所以当他返回地球时，他 21 岁。然而让他惊奇的是，他留在地球上的双胞胎兄弟已经成了 80 岁的老人。事实上，他所有的兄弟、姐妹、朋友都成了风烛残年的老人，因为他的旅行持续的时间，相当于地球上的 60 年：他是 2060 年返回地球的。可是他却只老了一岁。在他的旅行中，火箭里时间流逝的速度要远慢于地球上的速度。因此，这个旅行者用了一年的时间穿越到了 60 年后的未来。如果他以更快的速度旅行，他就能穿越好几个世纪。

这样的一个故事绝不只是幻想。可是，要实现这样的未来穿越，火箭需要以接近光速的速度行驶，而这是目前的科技无法做到的。但重点是这从原理上行得通。对于两个人而言，时间确实能以不同的速度流逝。其实，一旦一个人开始运动，他的时间就以和他人不同的速度流逝，只是这样的区别一定要在速度接近光速时才能得以体现。

光的速度是惊人的 30 万千米 / 秒。也就是说，1 秒钟，光就可以跑完 30 万千米！以这样的速度，光可以在1/60秒内完成从加拿大蒙特利尔到法国巴黎的旅程。1秒之内，光可以绕地球7圈。这真是一个非比寻常的速度！事实上，这个速度太快了，在我们日常生活的每一天，光都是飞速传播的。举个例子，当我们点亮一盏灯，它的光线马上就能照在房间的四面墙上。当然会有延迟，可是由于这个延迟太短了，所以我们完全感觉不到。注意，我们这里说的延迟不是指由于机器预热引起的延迟，而是指光线从灯泡运行到墙上的时间。一个更好的实验就是，你可以用手挡住手电筒的光线，然后突然把手拿开：光线好像马上就照到墙上了，但是确实有一个非常短的延时。

现在，人类最快的火箭的速度也只能达到光速的万分之一。这和我们的希望差距很大。那么我们怎么才能证实时间的变慢确实是一个真实的现象呢？要特别感谢粒子加速器。事实上，在这些巨大的机器里，我们可以成功地让基本粒子（质子、电子等）以接近光速的速度运动起来。于是我们可以很好地证实时间变慢的效应。比如，一些粒子是不稳定的，也就是说它们在被创造出来后，就会迅速分裂，因此它们的"一生"非常短暂。然而当它们运动起来，和人类的时间相比，它们的时间就变慢了，它们的"寿命"也就延迟了很多。通过实验，人类发现运动粒子的寿命比它们不运动时长30倍。

这是一个具体的实验，向我们证明了时间的流逝确实可以变慢。相对论不只是假想的理论，而且是在实验室里被证实的理论，它真实描绘出大自然的法则。此外，还有另一种方式可以证实时间变慢的现象。

正如我们所说，时间的变慢是存在的，虽然变慢的幅度很小。只是，时间变慢的幅度太小了，以至于人类无法察觉。比如，在"阿波罗"任务中，航天员进行了地球到月亮的往返旅行，因此他们变老的速度就比留在地球上的人们慢了，可是这样的区别可以被忽略——因为只慢了千分之一秒——然而这个区别确实是真实存在的。而我们日常生活中速度更慢的交通工具——飞机和汽车——它们造成的影响就更加微不足道了。比如当我们坐飞机去旅行，时间只变慢了一百万分之一秒。虽然这个时间减缓的量非常少，可是这个现象真实存在：人类已经通过一只非常精确的原子钟证实了这一点。人们把这只钟放在飞机上，在飞机返程的时候人们发现，它比留在地面上的钟慢了。也就是说，它比地面上的钟"年轻"！这就是关于相对论效应的另一个证明。

还有更精彩的！现在日常生活中还有一个关于时间变慢的应用：GPS定位系统。事实上，为了计算你的位置，GPS定位器会收到来自绕地卫星的信号。为了这个系统能够正常工作，人们必须考虑到一个事实，那就是卫星上时间的流逝和地球上的是不一样的。[1]

因此时间的变慢是一个真实存在的效应，无论变慢的速度是多少，但是只有当时间变慢的速度接近光速的时候，才有可能被人类感知到。因此这个现象的显现取决于速度：速度越快，时间的变慢越明显。那么回到我们开始时讲到的故事，通过让火箭的速度提升或降低，人类跳入未来的距离或远或近。按照人类现有的火箭的速度，这样的跳跃可以忽略不计；但是如果火箭速度有很大提升，那么这个跳跃可以是几年、几十年甚至好几个世纪。

然而需要注意的是，火箭里的旅行者在旅途中是感受不到任何异样的，时间的流逝对他来说是完全正常的——之后我们会解释原因——但是当他回到地球上，他确确实实比自己的双胞胎兄弟年轻了。[2]

既然从地球上看，这个旅行的时间要比火箭上经历的时间长，我们可以说，对于地球来说，时间膨胀了。这就是为什么我们会把这个现象称作"时间的膨胀"。

你很怀疑？时间的流逝对于两个人来说是不一样的，你觉得这个事实很荒谬？可是，这就是严肃的事实。这就是科学最有魅力的地方：证实那些看上去很荒诞的想法在大自然中确实可以实现。时间是如何变慢的？这是我们在下面的章节中想要解释的。首先我们需要考虑的是，我们生活在一个四维的时空当中。

---

1. 想了解更多相关知识，可以翻阅第 87 页的"延伸阅读"。
2. 我们可以认为是火箭里的旅行者意识不到时间变慢了，因为他的大脑的运动也变慢了，但是这并不是正确答案。

我们刚讲过的时间的膨胀，还有在之后的章节中我们会提到的效应，所有的相对论的效应都必须在速度接近光速时才能显现出来。既然我们日常生活中的物体达不到这个速度，那么相对论效应在日常生活中也不明显。因此我们惯常的直觉不会发展到可以理解这些效应。

这就是为什么我们觉得相对论效应奇怪甚至荒谬。但是值得指出的是，相对论的逻辑和我们日常的逻辑是一样有效的，只是和我们习惯的逻辑不同罢了。

2

空间的收缩

 下面来说相对论的第二个效应,和第一个一样让人困惑:
长度的收缩。

　　为了理解时间变慢的现象,需要先提到另一个同样荒谬的现象:长度的收缩。事实上,速度不只表现在时间的流逝上,还体现在物体的长度上。因此,一艘飞行的火箭要比它静止的时候短(只有长度在运动方向上收缩了)。和时间的减缓一样,收缩的幅度也取决于速度:速度越快,收缩的幅度越大。同样,只有在速度接近光速的时候,长度收缩的幅度才能够显现出来。在日常生活中,这个收缩人类是感知不到的。可是如果一艘 100 米长的火箭以光速从我们面前驶过,它的长度就只有 50 米甚至更短。当然,我们马上会想到一个问题:这个收缩到底是真实存在的还是只是一个想象而已? 一个简单的运动就可以压缩一个像火箭一样坚硬的物体,这好像完全有违常理[1]。

　　我们可以假想一个简单的实验来验证这样的收缩是否真实存在。假设有一根 10 米长的杆子和一个 8 米长的谷仓(图 1)。在谷仓的每一端,都有一扇推拉门。两扇门是打开的,而问题是:当杆子在谷仓里的时候,我们可以同时关上两扇门吗?如果杆子在谷仓里不动,那么当然不可能,因为杆子比谷仓长(图 2a)。现在,我们假设杆子运动起来,它以非常快的速度穿过谷仓。我们假设它的速度非常快,使得它的长度被压缩到 6 米。如果这个收缩不只是一个想象,这就说明杆子确实变得比谷仓短了;因此在杆子经过谷仓的过程中,我们可以短时间地将两扇门同时关闭,然后再打开门让杆子出去,这样就不会撞到杆子(图 2b)。

1. 尤其是火箭可以改变自身的速度,而要改变长度,只要让自身运动起来就可以了!

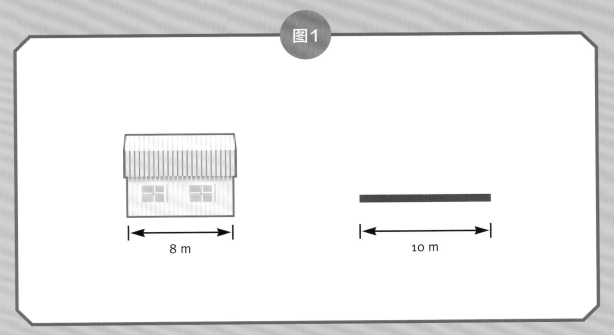

谷仓和杆子。 当二者都静止，杆子比谷仓长，它无法被完全放入谷仓中。

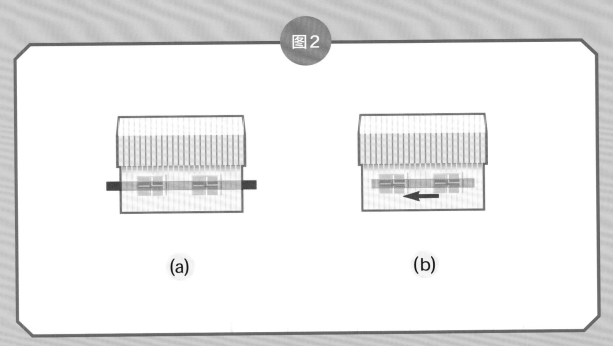

(a) **(b)**

长度的收缩。 静止的杆子和运动的杆子的长度对比。

这个实验让我们解决了这个问题：有没有可能在杆子快速穿过谷仓时同时关闭两扇门呢？答案是有可能！

—— 但是这说不过去，杆子的物理长度不可能缩短！

——确实，而且杆子也没有真的被压缩……

—— 那两扇门就不可能同时关闭喽！

—— 不，我们还是可以同时关闭两扇门……

—— ！！？？？！！

——事实上，长度的收缩是一个非常特别的现象。这是一个真实的现象，却不是物理的缩短。

想象一下，你的面前和你眼睛平齐的位置有一支水平摆放的铅笔。现在，让它在水平位置上旋转：铅笔好像变短了（参见图 3）！当然，你不会上当，你知道铅笔只是旋转了：你可以从下方或者从上方看它，发现它只是转动了而已。但是假设我们无法从下方或者从上方观察它，假设我们没有办法意识到它的旋转，有点像是我们只能看到铅笔的影子（图 4）。换种说法，我们想象有些生物的实体就是这个影子的世界。对于那些生活在这个平面世界的生物来说，铅笔看上去确实变短了。对于他们来说，他们没有办法发现铅笔的旋转。事实上，影子的世界是一个二维的世界，而铅笔的旋转只能发生在三维空间中。但是对于生活在二维世界的生物来说，他无法感知，甚至无法想象第三维，因为他的感觉和大脑只能在二维世界里正常运作。这就像我们这些生活在三维空间的人类无法感知第四维一样（图 5）。

因此，那些看到影子变短的生物无法感知到这个现象是由于物品在另一个维度旋转造成的。

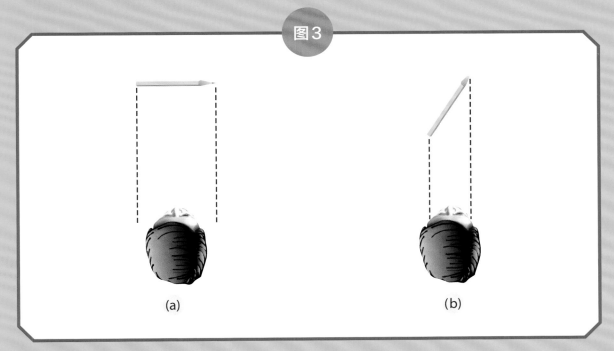

一支看上去变短的铅笔。

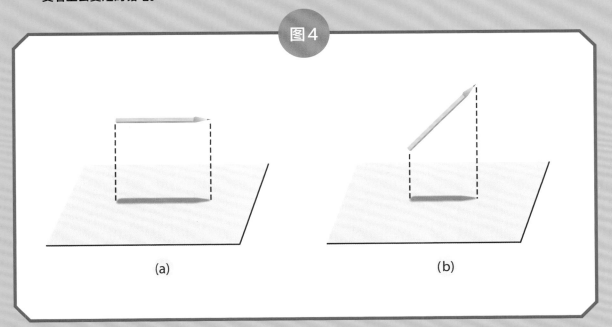

一个类比。（a）影子的长度和铅笔的长度一样。（b）如果铅笔旋转，影子变短。铅笔旋转的角度越大，影子越短。对于二维平面空间（影子的世界）来说，铅笔是在第三维度旋转的（参见图5）。这个第三维度是平面世界的生物看不到的，就好像我们这些生活在三维空间的人类看不见第四维度一样。

因此，影子变短并不意味着物品本身变短了。这个现象可以和我们的杆子做类比；只是在杆子实验中，它是在第四维中旋转了。杆子运动得越快，它旋转的角度越大，它在我们三维世界的"影子"（它的投影）就越短。既然我们无法感知它在第四维度中的旋转（我们的认知只在三维空间中发挥作用），我们就会觉得杆子或者火箭真的变短了。

—— 但是一个东西的影子不是一个具体的事物！如果我们确实只能感知到东西的影子，那么我们的世界就不可能像现在这样具体和明显了。

—— 确实如此。而且我们能够感知到的并不完全是物品的影子，而是某个有些不同的东西，这是我们想要在下一章中解释的，影子的类比只是一个想象而已[2]。

---

2. 用影子做类比有两个重要的缺点：它无法使人理解为什么长度的收缩和速度有关，而且它无法应用于时间上。

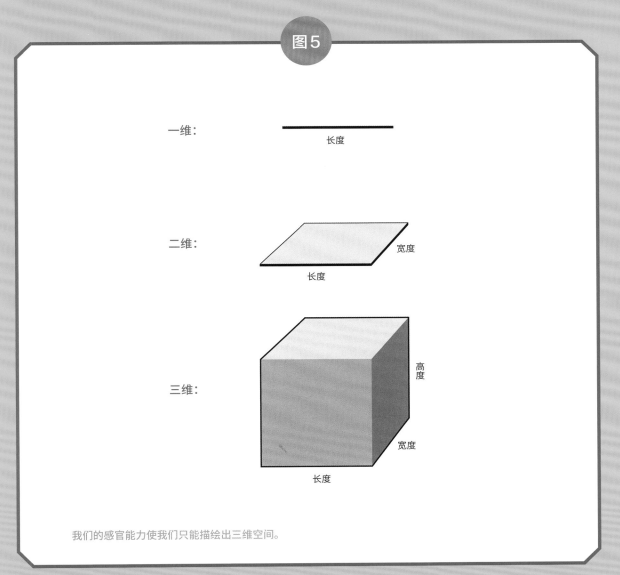

图 5

一维： 长度

二维： 宽度 长度

三维： 高度 宽度 长度

我们的感官能力使我们只能描绘出三维空间。

维度。

时空

 在这一章,我们将看到什么是把时间看作第四维度,
以及它如何导向时空的概念。

时空概念背后有一个观念,就是把时间看作是一个补充的维度。这个时间的维度必须加入到我们熟悉的三维空间中,这样总共就有四个维度了。我们刚才说过,人类的感官只能感知三个维度。因此,为了让我们的解释更加容易理解,要减少涉及的维度的数量。

A) 时间的维度

为了尽可能地简化讲解,也为了能让我们轻易地将发生的事情画出来,我们要把世界看作一维的,也就是一条直线。在这个世界上,只存在点和短线(也就是线性的物体),这些物体只能沿着直线运动。和第一个例子一样,我们假设这条线上有三个点:一个点保持不动,另外两个点相向运动,然后它们相互碰撞再弹回来(图6)。

还有一种方法来解释这些现象。从随书附赠的口袋里拿出那张卡片(在图7a中有演示)。把这张卡片放在图7b上,并且如图7c所示那样把它从下向上滑动。从活页的缝隙中你看到了什么?一个点静止不动,两个点相互回弹!和图6中的运动一样。

★ 因此,这条缝隙表现出的就是一维世界,而它的运动和时间的流逝是一致的。

图7b(或者图7c)展现的是图6的二维时空:横轴代表着空间维度,纵轴代表着时间维度。这点非常重要,在继续阅读之前,你要确保已经很好地理解了。在特定时刻出现在缝隙里的就是我们的感官可以察觉到的东西。

图6

一维空间。 一个点不动，两个点相向运动。

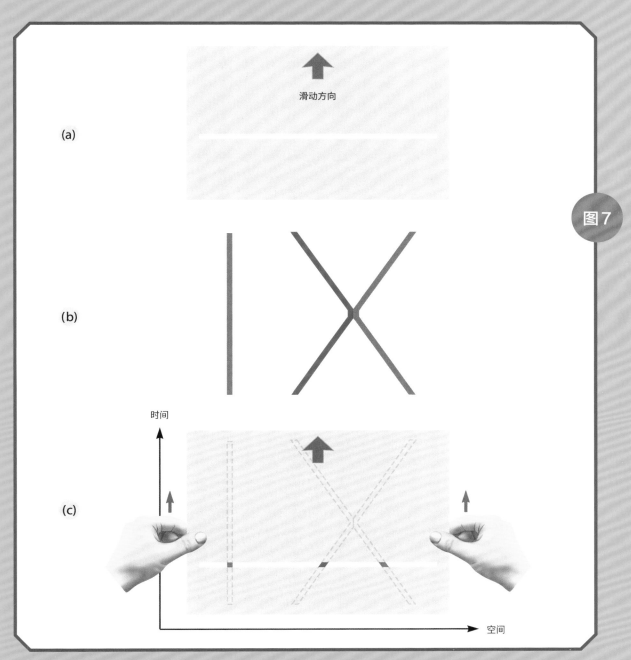

图7

时空和图6相结合。 将活页（a）放在图像（b）上，然后把活页按照（c）的指示从下向上滑动，我们就能从缝隙中看到图6中点的运动。

你会注意到，从一维的眼光看（图6），情景是活动的：有会运动的点，有撞击，等等；而从时空的二维眼光看（图7b），情况就不同了：没有运动的点，只有固定的线条。我们把这些线条叫作"宇宙线"。

宇宙线的倾斜度是和点的速度相关的：如图8所示，线越倾斜，点的速度越快（可以将缝隙放在图上移动观察）。图9到图17中示意了一些更加复杂的情况：你同样可以通过缝隙在图片上滑动来做演示（缝隙的运动不要太快，你可以仔细观察情景的发生）。我们还可以想象各种别的例子。事实上，我们可以再现时空范围内任何一种现象。请注意，当宇宙线足够宽，例如图10和图12所示，我们会称之为"宇宙面"。

（一定要想象这些图像是没有尽头的。也要注意，为了让大家可以更加清楚地看到缝隙里发生的一切，我们把缝隙做得比较宽，请想象如果缝隙很细会是怎样的情景。）

同样地，我们也可以让活页保持不动，而把书中的图像向下滑动。缝隙是静止的，虽然操作有点困难，但是效果更好。然后，我们只要观察滑动的缝隙就可以了。

★ 出现在运动的缝隙里的场景和感官世界（人类感官可以感知的）是相符的。

自己动手

将带缝隙的活页放在图像上，从下向上滑动

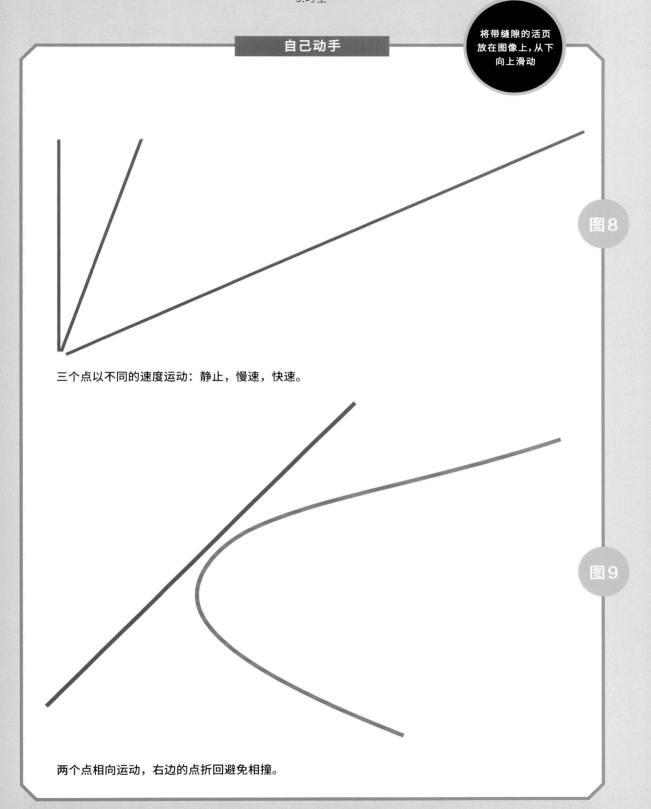

图8

三个点以不同的速度运动：静止，慢速，快速。

图9

两个点相向运动，右边的点折回避免相撞。

自己动手

图10

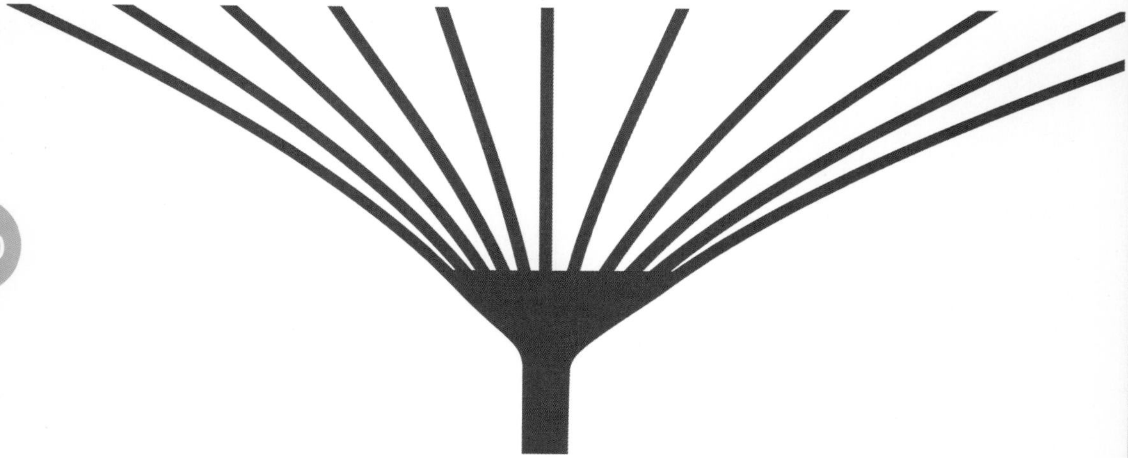

一个爆炸：一个方块膨胀，然后炸得粉碎。

图11

两面墙之间有一个不断弹起的球。

自己动手

提示：
缝隙的滑动代表着时间的流逝。

图12

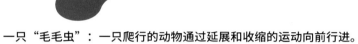

一只"毛毛虫"：一只爬行的动物通过延展和收缩的运动向前行进。

图13

在气泡当中的复杂世界。（让缝隙慢慢滑动。）

自己动手

图14

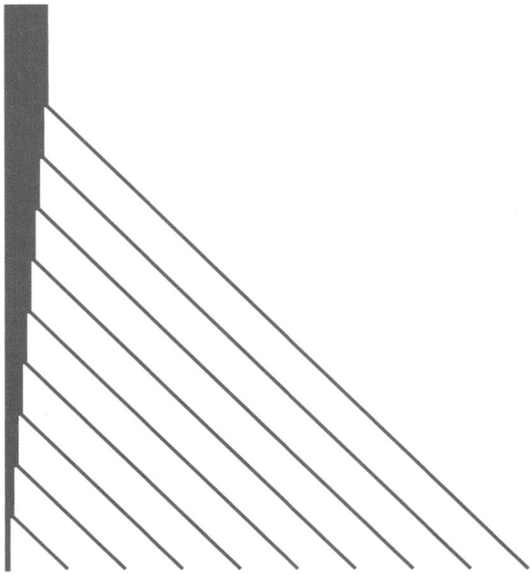

短线的形成：一些小块聚集起来形成一个更宽的块状物体。（将缝隙向上滑动。）

图15

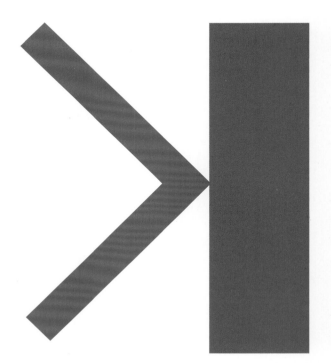

一条短线撞上障碍物回弹。

自己动手

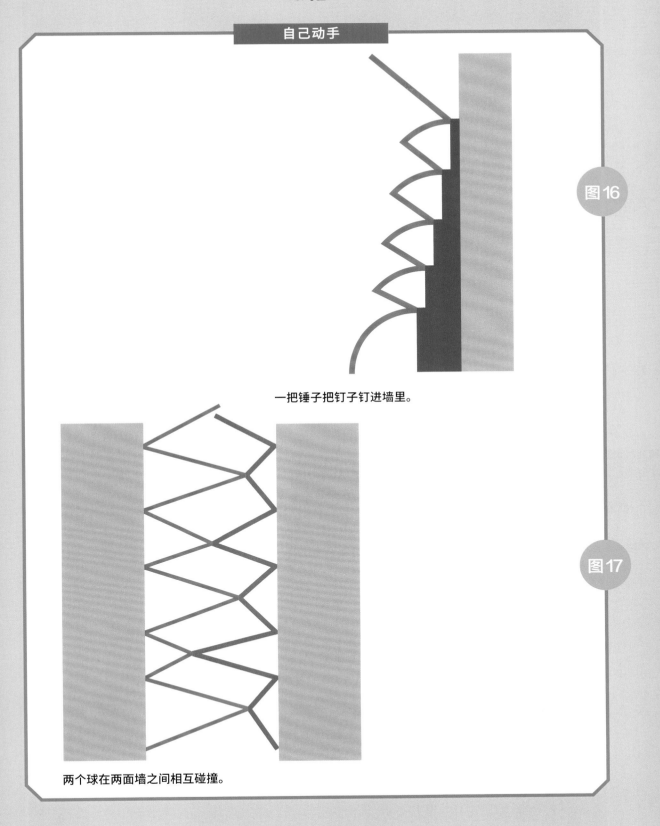

一把锤子把钉子钉进墙里。

两个球在两面墙之间相互碰撞。

图16

图17

现在的首要问题是区分一维空间（感官可以感知的）和二维的时空（超过感官认知能力的）。让我们回到毛毛虫的例子（图 12）。当缝隙在图像上滑动，从缝隙中我们可以看到一条处于一维世界的毛毛虫在一条线上通过延展收缩，向前行进，这个景象就是身处一维空间的生物随着时间的流逝可以看到的内容：这就是他们的现实（参见图 18）。在这个世界中，没有人可以看到缝隙下的图像的全貌，也就是二维空间（宇宙平面）中的波浪形的长条，因为它在时间之外。这个波浪形的长条只在时空中存在：它拥有（水平的）空间维度和（垂直的）时间维度，这是一个时空物体。而读者可以将这张活页拿开，看到缝隙下面完整的图像，所以读者就扮演着一个存在于时间和空间之外的"上帝"的角色。这个"上帝"同时可以看到在任何时刻这个毛毛虫的所有位置。而真实的时空是拥有四个维度，并且是人类感官无法感知的。

⭐ 读者可以看到活页下的完整图像，因此读者扮演着一个存在于时空之外的"上帝"的角色。

回到缝隙的视角，宇宙看上去是运动的：一条一维世界的毛毛虫改变自己的形状并且在移动。可是从隐藏的时空的视角，情况就不是这样了，一切都是静止的，只有一条二维世界中的不变的长条。

—— 等一下！二维世界的波浪形的长条是真实存在的吗？它不是为了再现一维世界的毛毛虫运动而画的东西吗？

—— 这是个好问题！它关系到相对论的核心问题，这是我们在下一章要讲的主题。但是在回答这个问题之前，我们先来看看以上的这些想法是如何应用在我们日常生活的物品上的。

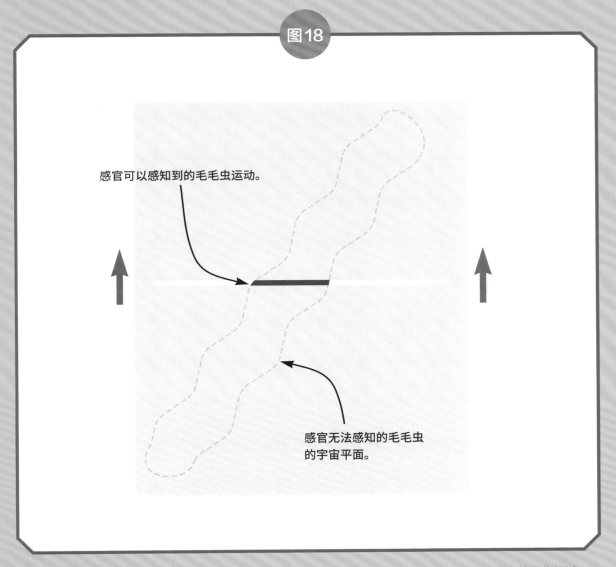

图18

感官可以感知到的毛毛虫运动。

感官无法感知的毛毛虫
的宇宙平面。

图12的解释。 运动的缝隙中出现的情景和感官世界（感官可以感知的）相符，而活页下的完整图像超过了感官世界（感官无法感知）。这条波浪形的长条，我们称之为"宇宙面"，它不是一个普通的平面：它拥有两个维度，其中一个是时间维度。

B) 四个维度

到目前，我们只考虑了一维空间中的物体。我们也看到了它们的时空是二维的。我们可以对二维空间中的物体做同样的实验：它们的时空就是三维的了。例如，我们来想象一个圆和一个正方形在平面上运动。假设圆沿着一个圆形的轨道运动，而正方形进行自转运动（图 19）。这个状况出现在时空维度中就是图 20 所描绘的情景。在之前图像上使用的活动的缝隙现在被一个活动的平面代替。将这个平面从下向上滑动，我们可以在这个平面上再现图 19 中的运动。现在和感官世界相对应的，是在平面上出现的情景。二维空间中的圆和正方形就是三维空间中的柱体的截面。

同样地，对于三维空间中的物体来说（我们日常生活中的普通物体），时空是四维的。因此，我们习以为常的物体是四维物体在三维世界中的截面，而四维物体我们当然没法画出来。我们只能感知到四维现实在三维世界中的截面。正如一维世界的生物无法感知二维时空一样，我们这些生活在三维空间里的人类，无法感知四维时空（参见图 21）。

值得指出的是，画三维时空要比画二维时空难得多，而且如我们之前说过的，我们不可能画出四维时空。这就是为什么我们在这里只讨论二维时空：因为这个比较容易用图像体现。但是大家要理解，二维时空和四维时空并没有本质上的不同。基本观念是一样的：时间要被看作是补充维度。（因此，我们之后为了方便绘图，只讨论二维时空，请大家始终记住被黑色卡片遮盖的图像是我们的感官无法观察到的。）

回到我们的第一个例子。我们提到了从一维的视角看（图 6），世界是运动的——物体在运动、相撞等，而从二维的视角看（图 7b），情况就不一样了：没有运动的点，只有静止的线。同样的区别也存在于图 19 和图 20 中。

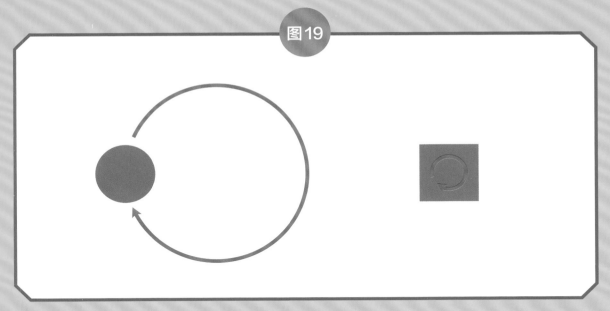

二维世界。 圆进行圆周运动，正方形自转。

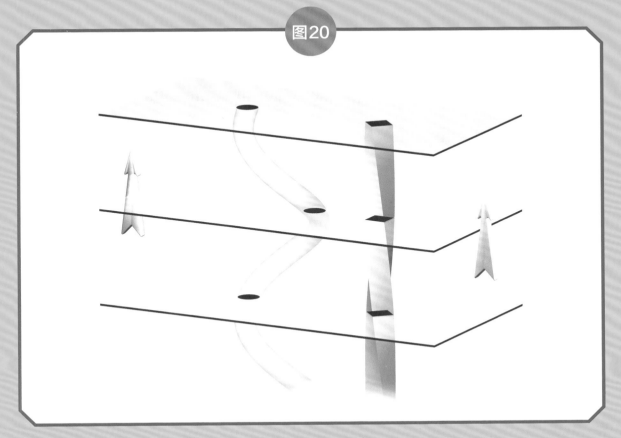

图19的三维时空。（图片来自丹尼斯·冯特拉，Denis Vontrat）

对于我们来说是一样的。按照这个观点，我们身边的物体运动只是一种幻象。而且，在图6中，看上去从左向右运动的点，事实上并不是同一个点，是不同的点，或者说是组成线的不同部分。在图19上，圆看上去是在运动，我们在不同的位置看到它，而事实上，它并不是同一个圆，而是三维空间中柱体的不同截面。这个现象也会发生在我们日常生活中的物品上：当一个球被扔出去，落在某处的球就不是在之前地方的那个球了，这是两个不同的球，是四维时空中"柱体"的不同截面。再举个例子：当一个苹果从树上掉下来，这个落在地上的苹果和之前挂在树上的苹果是不同的。[1]

—— 对于我的身体来说，情况是一样的吗？

—— 是的。如果我从左向右移动，我移动到右边的身体和我之前在左边的身体就不一样了：这是两个不同的身体，是四维世界中身体的两个不同的部分。

—— 好吧，我可以接受这个观念，可是我还是不理解，这个观念如何解释相对论的效果呢？

——这正是下一章的主题……

1. 即使物体没有移动，我们也认为在不同的时间，物体也不一样了。

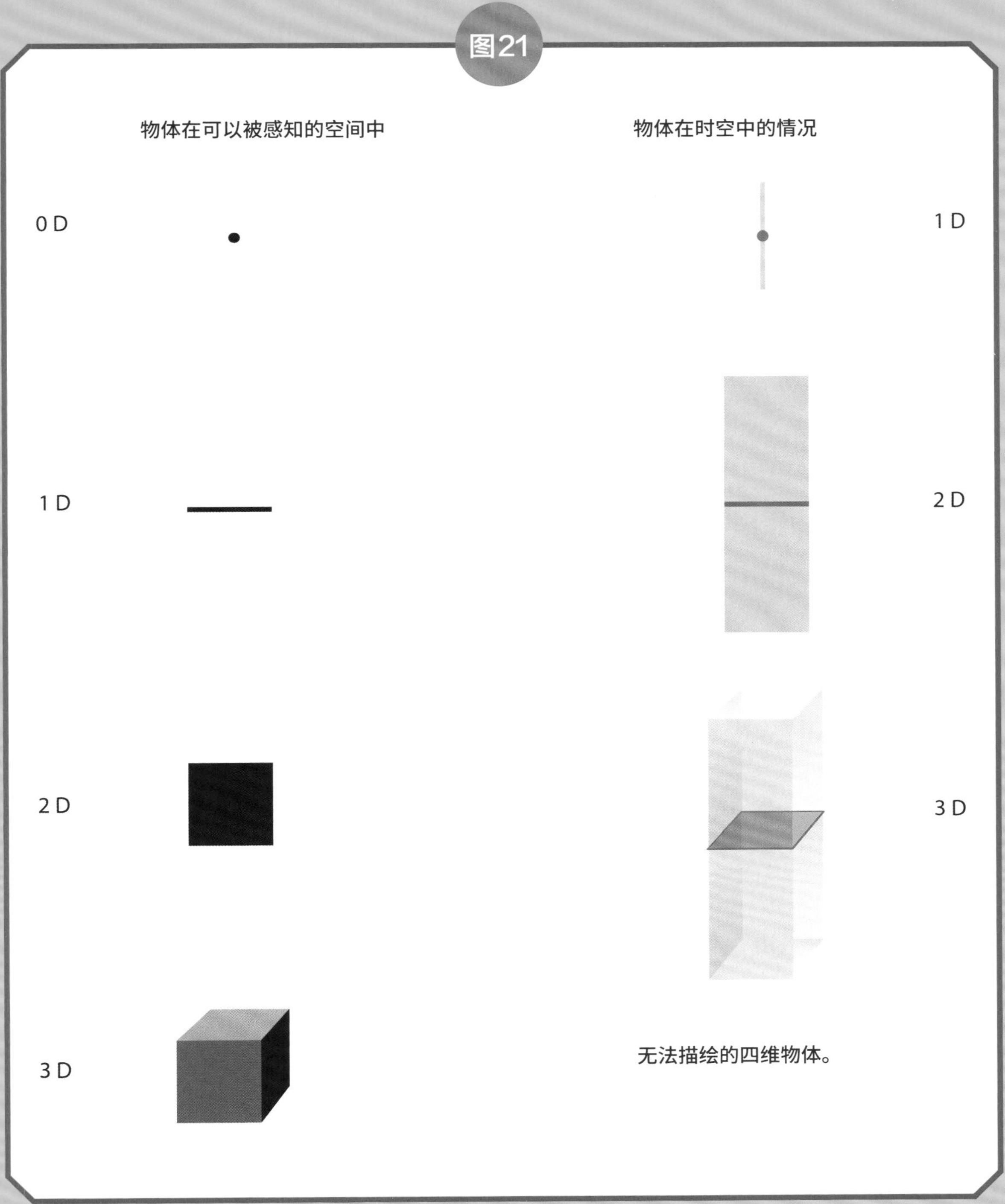

图21

物体在可以被感知的空间中　　　　　　　物体在时空中的情况

0 D

1 D

1 D

2 D

2 D

3 D

3 D

无法描绘的四维物体。

不同维度的物体及其在时空中的对应（D 是维度的意思）。要注意，与空间对应的时空可以是不同的。例如，如果点向左上运动，那么它的宇宙线就向右倾斜。这个情况适用于其他例子。

4

相对论的效应

 在这一章,我们会讲到时空的真实属性,我们最后会理解时空如何解释长度和时间变化的情况,以及与同时性相关的第三效应。

之前我们讲到过,活页上缝隙的移动象征着时间的流逝,那么我们现在要为缝隙的移动引入一个新的方法。我们在图 8 中看到,宇宙线的倾斜可以使点的速度发生变化。现在,不用倾斜宇宙线,我们可以倾斜缝隙。我们可以按照图 22 上指示的不同方式来移动缝隙:如图 22a 所示,当缝隙处于水平位置并向上移动,我们可以从缝隙中看到一个不动的点(可以在下面的图上自己做演示);然而,如果缝隙是倾斜的,并且按照图 22b 或图 22c 所示的方式移动,我们就可以看到一个运动的点。缝隙倾斜的角度越大,点运动得越快(无论缝隙运动的方向如何,速度都要保持不变)。注意:缝隙以正确的方法滑动是至关重要的:当缝隙倾斜,移动的方向也要倾斜;如果按照图 22d 的方式,缝隙就不再是向上滑动了。如图中的箭头所示,滑动的方向要与缝隙垂直。如果随着你倾斜缝隙的角度变大,你看到点运动的速度随之变快,那么就说明你的方法是正确的。

因此,无论是通过倾斜宇宙线还是倾斜缝隙的方式,都可以再现点的运动[1]。

A) 长度与时间流逝的变化

您还记得吧,我们是要试图理解长度收缩和时间变慢的现象。一艘运动的火箭和它静止时的长度不一样,这是一个神奇的事情,您同意吗?

—— 当然。

—— 但是运动时的火箭是比它静止时长还是短,这个并不是最重要的。

—— 是的。看上去最难理解的是长度的变化;是变长了还是变短了,这不重要。

1. 重要的是物体和观察者的相对速度。因此是物体在运动还是观察者在运动,这一点并不重要。

28

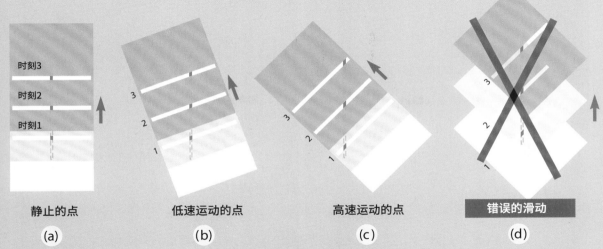

图22

说明：按照图（a）、（b）、（c）所示在图像上移动活页：每张图上有缝隙的三个连续的位置；箭头指示的是缝隙滑动的方向。注意：滑动的方向要与缝隙垂直，图（d）是缝隙滑动的错误示范。此外，缝隙无论向任何方向滑动，速度都要是一样的。利用下图自己做演示，以不同的角度倾斜缝隙来做比较。想要看到点非常快速地移动，可以将缝隙的角度调整到与直线近乎垂直。

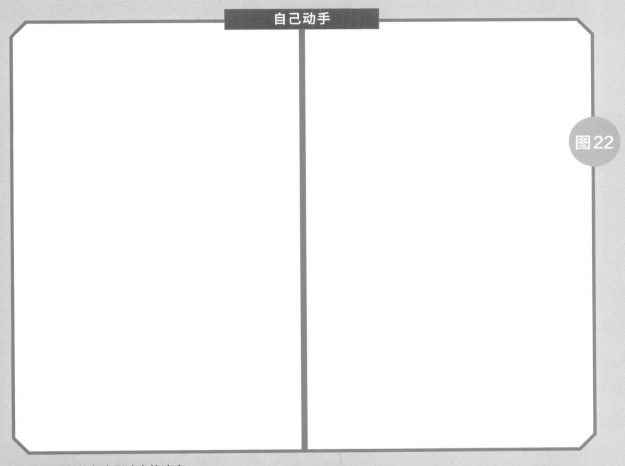

缝隙倾斜的角度影响点的速度。

—— 同样神奇的是，时间在火箭里和在地球上流逝的速度是不同的。火箭里的双胞胎哥哥比地球上的弟弟老得更快或者更慢，这个倒不重要。

—— 同意。令人不可思议的是两个人居然可以以不同的速度衰老。

—— 如果我们生活在相对效应颠倒的宇宙，也就是说，在这个宇宙里，运动的物体显得更长，时间流逝更快，你会觉得这个宇宙和我们身处的世界一样反常和矛盾吗？

—— 当然！可是你想说什么？

—— 是因为我们的演示和相对论效应是相反的。但是要注意，无论相对效应是正的还是反的，其解释都是一样的。只有一个小细节有区别。不过，就是因为这个小细节（却很重要），解释反效应要比解释正效应容易得多。这就是我们在演示中要做的事情。之后我们会再回到这个造成效应颠倒的细节上。但是请注意：由于我们提到的现象是独立于人类对效应的感觉而存在的，因此我们会解释通过活页滑动产生的动画效果，这个解释是绝对正确的，并且是建立在真实的相对论效应之上的。[2]

让我们从长度的变化开始。先回到杆子的例子。我们试图理解颠倒的效应，也就是为什么一根运动的杆子可能显得比它静止时更长；或者更准确地说，为什么杆子运动的速度越快，它会显得越长。在图 23 上按照（a）所示滑动缝隙：当活页移动到上方，我们从缝隙里看到的杆子是静止不动的（要记得杆子是出现在缝隙里的，而这条垂直的长条是它的宇宙平面）。但是如果缝隙按照（b）所示倾斜移动，我们可以看到杆子是运动的，而且它的长度变长！缝隙倾斜的角度越大，杆子的长度越长，运动得也越快（注意：确保缝隙按照箭头的指示方向滑动；不要忘记缝隙朝各个方向的滑动都要保持匀速，这样我们才可以比较杆子的速度）。要注意观察杆子的速度和长度是如何相关联的：杆子一旦发生运动，它的长度一定会发生变化，并且运动速度越快，杆子的长度变得越长。

---

2. 此外，如我们所见，我们的实验中相对效应和实际效应相反，这并不影响我们理解相对论中那些著名的"悖论"。

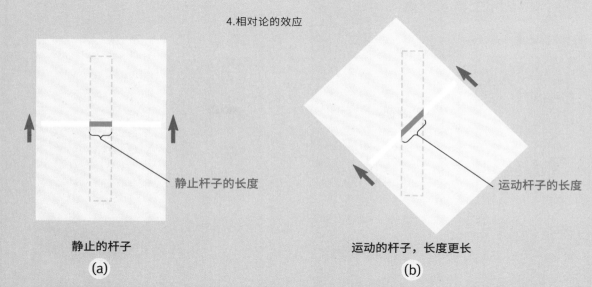

静止杆子的长度

运动杆子的长度

静止的杆子

(a)

运动的杆子，长度更长

(b)

注意：要想象下图中的长条是无限延伸的。杆子是出现在活页缝隙中的长条的一部分，这个完整的长条就是它的宇宙面。缝隙的滑动意味着时间的流逝。

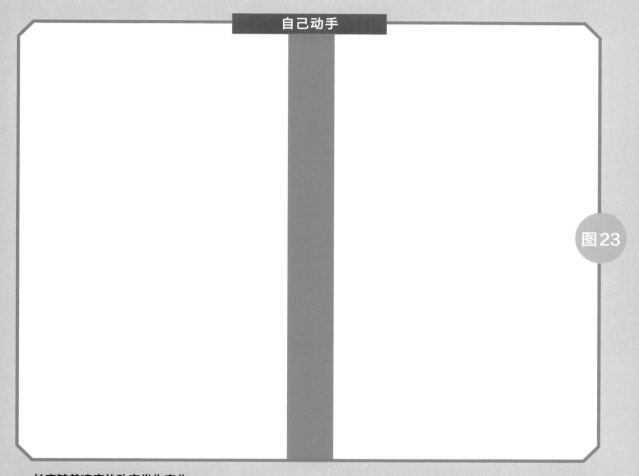

图23

长度随着速度的改变发生变化。

因此，相同的物体，在人的眼睛看来，它在运动和静止的时候长度是不一样的。（需要注意，缝隙倾斜的角度是有限制的，因为杆子的速度不能超过光速；我们会在第六章再次讲到这一点。而且，和之前说过的一样，我们可以选择倾斜缝隙或者长条，得到的效果是一样的。）

现在我们可以理解杆子是如何在不改变物理长度的情况下，表现出不同的长度了：杆子（或者说是宇宙中的长条）的物理长度没有压缩或者拉伸，而出现在缝隙中的那一部分，也就是人类感官可以感知到的那一部分，其长度确实发生了变化。这是因为真实的世界比我们可以感知到的世界多一个维度（活页下隐藏的长条），而我们可以看到的只是真实世界的一个截面（缝隙中显示的情景），而且这个截面的角度是可以变化的。截面的角度随着杆子的速度发生变化，杆子就可以或者不可以完全进入谷仓。当杆子完全进入谷仓的时候，这并不是一个幻象，因为谷仓的两扇门可以同时关闭。这就是为什么即使物体的物理长度没有被压缩，其长度的收缩也可以是一个真实的现象。

现在我们来考虑时间的流逝。我们同样试着理解颠倒的效应，也就是为什么处于运动当中的时钟会比被静置的时钟走得快。我们来设想有一块每一秒闪烁一次的表。在图 24a 中再现了表静止时的情景。缝隙里出现的点代表着闪烁，也就是时间的流逝。现在，如果缝隙像图 24b 那样斜着滑动，表就开始运动了，而且闪烁的频率变快！缝隙倾斜的角度越大，表运动得越快，闪烁的频率也越快（可以将缝隙倾斜到近乎垂直的角度，以便观察速度的变化。同样，缝隙朝各个方向滑动的速度始终保持匀速）。这一次要注意速度和时间的流逝是如何相关的：一旦表发生运动，时间流逝的速度就会发生变化；表运动的速度越快，时间流逝得越快。因此，同一块表，它闪烁的频率会因为它的静止或者运动发生变化[3]。于是时间流逝的速度会不同，这个看上去无法理解的现象，可以完全被时空的概念所解释。

---

3. 我们也会把观察者的视角称为"参照物"。

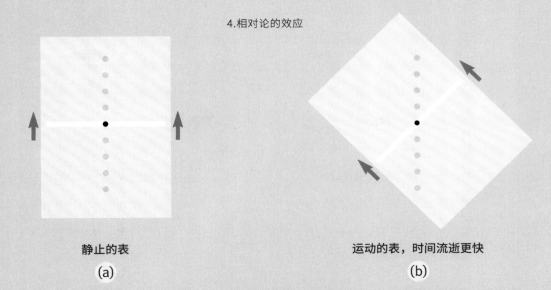

静止的表

(a)

运动的表，时间流逝更快

(b)

注意：为了更清楚地看到情景（a）和情景（b）中点闪烁频率的不同，可以让缝隙慢慢滑动，在情景（b）中，可以将缝隙倾斜到近乎垂直。

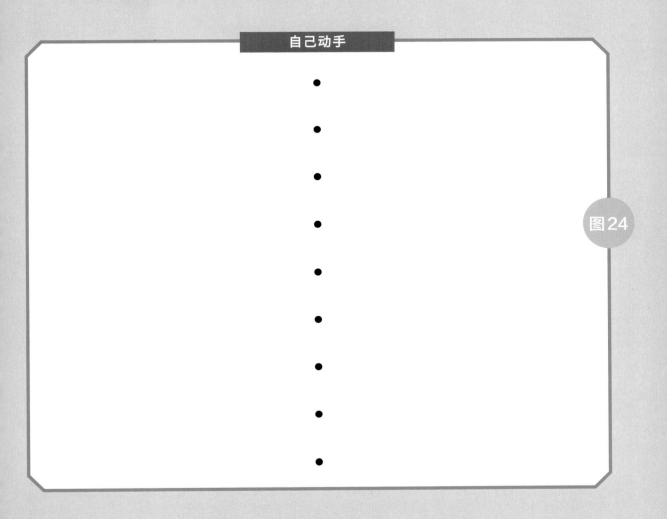

自己动手

图24

最后把两个效应结合在一起。假设将一块手表绑在一根杆子的中间，如图 25 所示。当杆子开始运动，它的长度和时间的流逝都会表现出来：速度、长度和时间流逝都是紧密相关的。这些都和缝隙在时空中倾斜的角度有关。

★ 同样的物体，在人的眼睛看来，它在静止和运动的时候，其长度会发生变化，时间流逝的速度也会发生变化。

—— 时空并不是一个不可思议的东西，它和现实中的事物是相符合的。

—— 的确。如果宇宙的平面（图中带点的长条）只是一个现实中不存在的东西，我们就无法从不同的角度来观察它，它只和某一个物理现实是相符合的。可是处于一维世界的生物只能看到一个截面，只有这个截面是符合一维生物的感知现实的。这个情况对于时间流逝是相同的：即使表的运动节奏没有发生物理变化，时间流逝速度的变化也是一个真实存在的现象。事实上，因为长条上点之间的间距没有变化，这就意味着手表的机械结构没有发生本质变化。然而时间的流逝确实从不同的观察者角度来看是不一样的。（我们会在下一章重新回到双胞胎哥哥坐火箭去旅行的故事上来。）

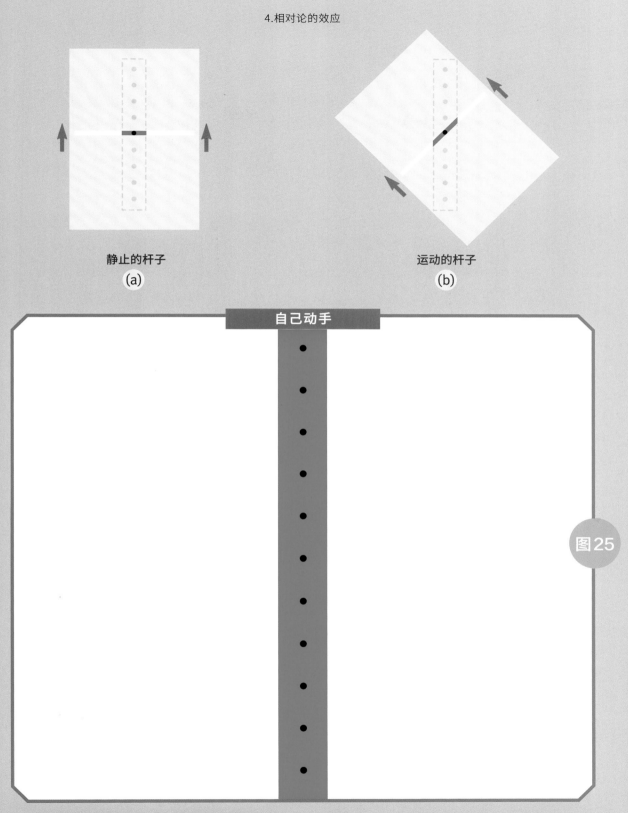

静止的杆子
(a)

运动的杆子
(b)

自己动手

图25

前两个图像的结合： 长度和时间流逝随着速度的改变发生变化。

因此空间和时间是相关的概念。被我们称为"空间"和"时间"的东西都与对方的速度相关。如图 26 所示，对于一个相对于杆子静止的观察者来说，空间是水平的，时间是垂直的。但是从另一个观察者的角度，如果他相较于第一个观察者是运动的，他眼中的空间和时间的方位就是不同的。

⭐ **空间和时间是相对的。**

因此空间或时间并不是根本的，它们只是重要实体——时空——的不同方面。事实上，即使空间（缝隙的方向）和时间（缝隙滑动的方向）对于不同的观察者来说是不一样的，时空（位于活页下的图像）对于所有人却是一样的。这样，时空就不是相对的，它是绝对的。也就是说，空间和时间是相对的，但两者的集合是绝对的。因此在相对论中并不是所有的事物都是相对的[4]。

⭐ **但是时空是绝对的。**

---

4. 特别指出，宇宙线和宇宙面是绝对的：它们是独立于纵轴和横轴的方向（参照元素）而存在的。

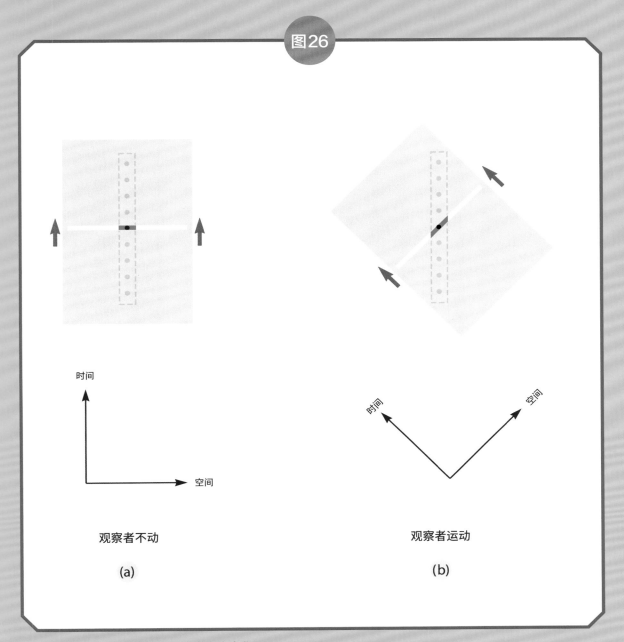

图26

时间

空间

观察者不动

(a)

时间

空间

观察者运动

(b)

空间和时间的方位随速度的改变发生变化。

请注意，受物体运动影响的，除了物体的长度外，还有物体间的距离。图 27 中有两根相同的并且相对静止的杆子。从图（a）的视角看，两根杆子是静止的：它们有固定的长度，且两者之间有固定的距离。从图（b）的视角看，两根杆子是运动的：它们的长度变长了，且两者之间的距离变大了。因此，空间（既包括物体的长度，也包括物体间的距离）会随着视角的改变而发生变化。

B）为什么现实的效应是相反的

我们之前已经讲过，在现实中，相对论的效应是反向的：运动的物体显得更短，时间的流逝会变慢。虽然我们的解释是翻转的，可是结论是绝对正确的：时间是一个补充维度，并且在时空中会发生旋转。问题是，现实的时空（并不是以反向效应运转）要比我们实验中使用的时空（以反向效应运转）抽象得多。事实上，时空真的非常抽象，以致我们只能在数学的帮助下才能将它显像化并把它描绘出来。这就是为什么我们会使用一个简化的时空。但是要知道，时间被看作一个维度，时空的概念，以及时空旋转（这个可以解释长度和时间变化的现象），以上这些我们引出的概念都是相对论以及我们理解宇宙运转的基础理论。我们要再重复一次，唯一的区别就是真实的时空所产生的长度和时间的变化是反向的（这个区别是由于时间维度和空间维度的属性有一点不同，而这个不同我们无法用图像表示出来[5]）。然而我们可以通过选读下面"特别篇"中呈现的类比来理解这个效应颠倒的理由。

---

5. 本书的第 92 页，有相关的数学解释。

4.相对论的效应

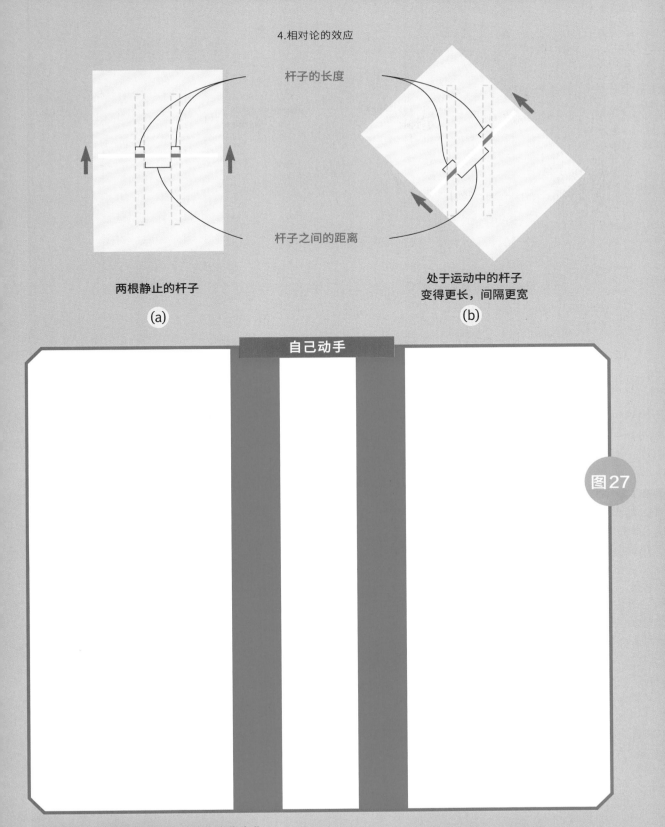

杆子的长度

杆子之间的距离

两根静止的杆子

(a)

处于运动中的杆子
变得更长，间隔更宽

(b)

自己动手

图27

物体之间的距离随着速度的改变发生变化。

为什么相对论的效应在我们的演示中是颠倒的？

一个问题导致了效应的颠倒，而这个问题在我们画世界地图的时候也会碰到。地球的表面是弯曲的，因此如果不把地球做变形，我们无法将它呈现在一个平面上。这一点很重要，仔细观察**图 29**上的地图，因为我们经常看到这样的地图，所以我们第一眼看它觉得这很正常，然而这里对大陆进行了一定的变形。事实上，和接近赤道的国家相比，我们对接近北极的国家（如加拿大、俄罗斯）进行了很大的加宽处理。例如，从地图上看，美国阿拉斯加和巴西国土面积差不多，而事实上，巴西的国土面积是阿拉斯加的六倍（对比**图 28**中真实的地球）。请注意经线，在地球仪上是朝北极聚拢的，而在地图上是相互平行的。这就是我们所说的问题：为了绘制世界地图，我们把极点"拉伸"了。例如，地图上最上端的平行线实际上是一个点：北极！

因此，假设我们在地球仪上画一个变窄的长条（**图 28**）。如果将这个长条放在**图 29**的地图上，长条的形状就会发生变化：它会由于我们之前提到的问题而变宽（将这个变化的理由描绘出来是非常重要的。例如，可以将地球仪上的四个位置与长条四个角一一对应）。我们回到地球仪上的长条：如果我们将带有缝隙的活页在这个长条上滑动，从赤道到北极，从缝隙中我们可以看到一条线（或者是一根"杆子"）变短了。但是如果我们将这条缝隙在**图 29**的长条上滑动，我们可以看到一根变长的杆子！地图上的效果和现实效果是相反的，这就和我们的相对论效果一样……

当我们试图在一个平面上表现相对论的时空，我们会遇到相似的问题（这个问题更难形象化），因为我们试图在一个平面上绘制一个不是平面的空间。这就是为什么我们的相对论效应是相反的：这只是一个简单的表现问题。在我们的演示中，我们会让缝隙移动，也会让缝隙倾斜，而效应的颠倒会出现在缝隙倾斜的时候。当然，在研究地球的时候，我们可以直接在一个三维的地球仪上进行，这就可以避免任何的变形。对于相对论的研究就不是这样。其实，即使是在三维空间中，我们也几乎不可能忠实地表现一个时空表面。因此也没有办法忠实地将一个时空表面显像化。这就是为什么我们在这里要了一个小聪明，使用了一个效果颠倒但是比较容易绘制的时空。

[而对于地球的研究，我们可以使用对地球的不同投影（**图 30**），这个投影可以在一定程度上避免将接近极地的陆地面积过分扩大；但是也会存在其他问题，其中就包括国家轮廓变形的问题——我们的长条本来是变窄的，现在却变成弯曲的了！]

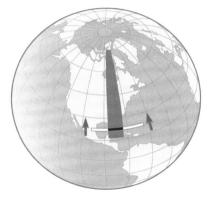

地球

图28

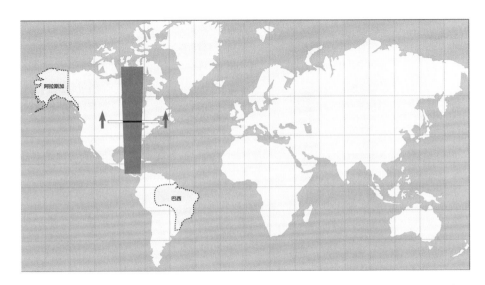

墨卡托地图

图29

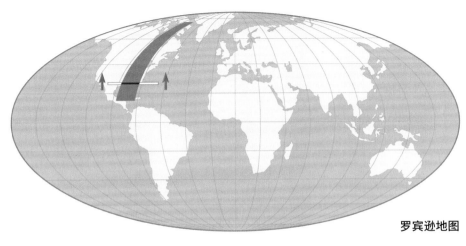

罗宾逊地图

图30

所以，关于解释正效应和反效应的唯一区别就是时空的几何形式：在反效应中，几何图形是很好描绘的（正如我们之前所展示的那样）；但是在正效应中，几何图形就变得非常复杂并且很难描绘出来。无论如何，首要问题是明白时间的流逝和物体的长度会因观察者而异，明白为什么相对的概念与速度有关，明白这些概念是如何被解读为时空中的截面，明白为什么时空是绝对的。这些就是相对论的精髓所在，所以相对论的效应是正的还是反的就不重要了[6]。此外，我们还会看到，效应的正反也不影响我们理解那些著名的相对论"悖论"，这些悖论我们会在之后的章节中讲到，相关研究是理解爱因斯坦理论的核心。效应的相反也不影响我们理解相对论中关于过去和未来的区别（这个区别我们之后会看到）。

C）回到更多维度

回忆一下，图 19 和图 20 中表现的是二维的空间，它的时空是三维的。现在我们来看在这个情况下长度是如何发生变化的。在这里，缝隙的倾斜转变为平面的倾斜。为了方便理解，请看图 31。从（a）的视角看，正方形是不动的。从（b）的视角看，正方形被拉长并且处于运动当中。请注意，长度是随着运动的方向变化的。这一点很重要：一个运动的物体只沿着运动的方向随速度发生变形。

这个现象也会出现在人类所处的三维世界的普通物体上，它们其实是四维物体在三维世界的截面。和之前提及的例子一样，由于物体速度的变化，截面的角度以及人类感觉世界中物体的长度都会发生变化。而且我们在之前的例子中也看到了，只有沿着运动方向的长度会发生变化。这就是为什么火箭的长度发生变化却不对乘坐火箭的人产生影响：火箭和它的乘客没有发生变形，是截面的角度发生了变化。因此火箭的物理形态没有被压缩；而由于我们只能感知到三维世界中的截面，所以火箭的长度确实变了：可以回想一下进入到谷仓中的杆子，火箭也是这样的。长度的收缩是一个真实存在的现象，但是却不会对物体的物理长度产生影响。

---

6. 当然，如果是在更高水平的讨论中，效应的正反就很重要了，但是在我们的介绍中，这并不重要。

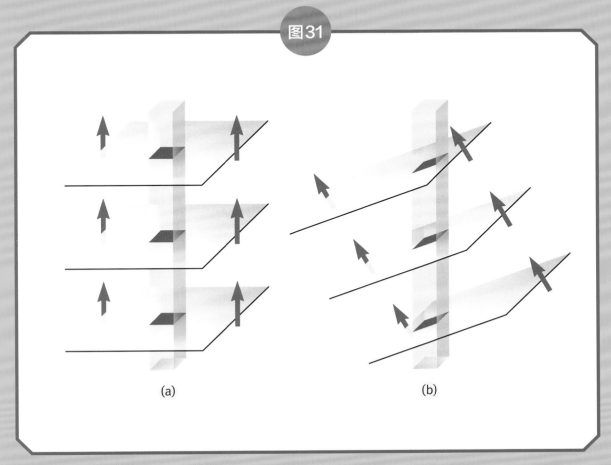

(a)　　　　　　　　　(b)

在更高维度世界中长度的变化。长度只沿着运动的方向发生变化：（a）正方形静止不动；（b）正方形发生运动并且沿着运动方向随速度产生变形。

同样的推理可以应用在时间的流逝上：火箭里的物理时间并没有变慢——这就是为什么火箭里的乘客觉得一切如常。但是对于地球上的观察者来说，火箭里的时间确实变慢了——我们可以说他是从侧面看到时间的流逝的。再说一次，这个角度观察到的效应并不是一种幻象，它真实存在并且会产生具体的结果：在火箭返回地球时，乘坐火箭的双胞胎哥哥确实比留在地球上的双胞胎弟弟更年轻。

D) 过去与未来之间的区别是一种幻象

另一个与长度收缩和时间变慢紧密联系的重要现象，就是相对现象的同时性：对于一个观察者来说有两个同时发生的事情，但是事实上它们并不一定是同时的。例如，我们想象在地球上两个不同地方分别发生了 A 和 B 两个爆炸。从地球的角度来讲，这两个爆炸是同时发生在中午 12 点的。但是对于一艘在太空运动的火箭来说，这两场爆炸并不是同时发生的。这怎么可能呢？图 32 给出了答案。当缝隙垂直运动（图 32a），爆炸 A 和 B 是同时发生的，也就是说，两个点是同时出现在缝隙里的。这个与地球视角相吻合（观察者相对于两个爆炸来说是静止不动的）。但是，如果缝隙发生倾斜（图 32b），注意观察：B 点比 A 点出现得早！也就是说，爆炸 B 发生在爆炸 A 之前。这个与火箭视角相吻合（观察者相对于两个爆炸来说是运动的）。如果火箭沿着相反的方向运动（图 32c），产生的结果也会相反：爆炸 A 发生在爆炸 B 之前。

★ 对于一个观察者来说有两个同时发生的事情，但是事实上它们并不一定是同时的。

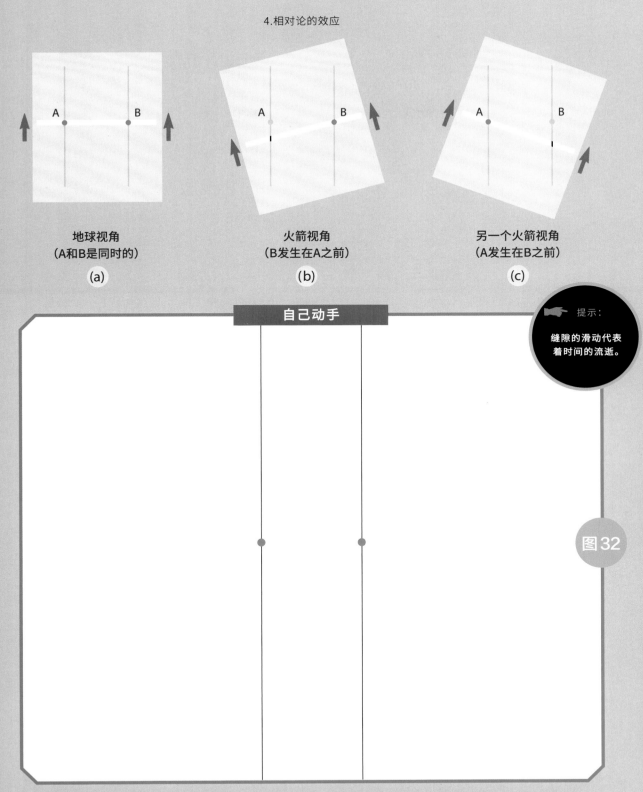

地球视角
（A和B是同时的）
(a)

火箭视角
（B发生在A之前）
(b)

另一个火箭视角
（A发生在B之前）
(c)

自己动手

提示：

缝隙的滑动代表着时间的流逝。

图32

同时的相对性： 一个观察者看来是同时发生的两个事件，对于另一个相对运动的观察者来说，两件事不是同时发生的。

为了更方便理解，我们可以具体一下爆炸发生的时间。假设爆炸 B 对于三个观察者来说发生在中午 12 点，从火箭的角度看，爆炸之间的间隔是 1 个小时。从地球上看，中午 12 点发生了两次爆炸（图 33a）。从第一艘火箭上看，爆炸 B 发生在中午 12 点，爆炸 A 发生在下午 1 点（图 33b）。从另一艘火箭上看，爆炸 A 发生在上午 11 点，爆炸 B 发生在中午 12 点（图 33c）。别忘了，一个观察者眼中的现在对应的是特定时刻出现在缝隙中的时间：如果缝隙发生了旋转，他眼中的现在也会发生旋转。因此"现在"这个概念对于不同的观察者来说是不一样的。

⭐ **缝隙对应观察者眼中的现在。如果观察者处于运动中，那么他眼中的现在也会发生变化。**

现在我们来判断这个现象的含义。重新回到图 33：从地球上看，爆炸 A 发生在中午 12 点，从第一艘火箭上看，它发生在下午 1 点，再从第二艘火箭上看，它发生在上午 11 点。因此，中午 12 点的时候，爆炸 A 发生在地球视角的现在（它就在当时发生），而从第一艘火箭的视角，爆炸 A 发生在未来（1 个小时之后），而从第二艘火箭的视角，爆炸 A 发生在过去（1 个小时之前）。因此，同样的事情可以是一个人的现在、另一个人的未来和第三个人的过去！也就是说，一个人的未来是另一个人的过去（参见图 34）。因此在过去和未来之间是没有区别的[7]。通过这个方式我们可以看到，线性时间对于所有人来说都是一致的，而认为时间是由过去进行到未来的想法是错误的。正如爱因斯坦所说："过去、现在和未来之间的区别，仅仅是个从未改变的假象罢了。"

⭐ **同样的事情可以是一个人的现在、另一个人的未来和第三个人的过去。**

---

7. 严格来讲，这种情况只出现在被空间间隔分开的事件中（参见第 88 页"延伸阅读"章节）。

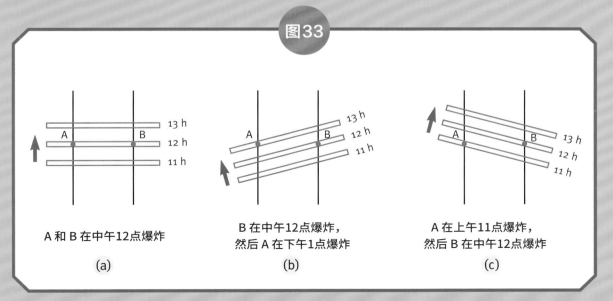

图33

A 和 B 在中午12点爆炸

(a)

B 在中午12点爆炸，
然后 A 在下午1点爆炸

(b)

A 在上午11点爆炸，
然后 B 在中午12点爆炸

(c)

随着速度的改变，事件发生的时间顺序发生变化。

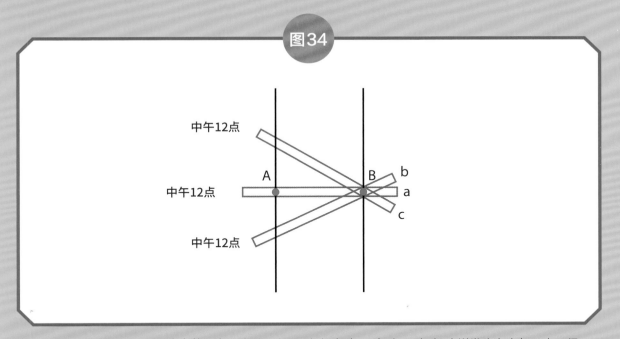

图34

比较中午12点时，不同观察者的现在。事件B对于观察者（a）、（b）、（c）来说发生在中午12点。但是事件 A 对于观察者（a）来说发生在中午12点，对于观察者（b）来说发生在下午，对于观察者（c）来说发生在上午。因此事件 A 可以同时是（a）的现在、（b）的未来、（c）的过去。

E) 时空的课程

总结一下之前讨论过的三个现象（长度的收缩、时间的膨胀和同时的相对性），让我们把这三个现象结合在一个例子中。假设有一根静止的杆子，它的颜色会突然发生变化，并且在它上面绑着一块手表（图 35a）。请注意，整个杆子的颜色会同时发生变化。但是，对于一个处于运动状态的观察者来说，杆子的长度是不同的，时间的流逝是不同的，杆子颜色的变化也不是同时发生的（图 35b）。这三个相对效应的产生都是因为发生在时空中的旋转，我们也能看到这些效应是紧密相关的。事实上，在之后的章节中我们会看到，这些效应不能独立存在，而且不会相互矛盾。

因此时空并不是时间和空间的简单并列。如果缝隙不会发生旋转，那么时空就是时间和空间的并列：空间永远是水平的，时间永远是垂直的。相反地，关于时空概念的深奥之处就在于缝隙会发生旋转，被我们称为"空间"和"时间"的东西是处于运动当中的，也就是说，时间和空间可以相互转化。

因此杆子的长度并不是绝对的。长度的概念只在缝隙的方向明确的前提下才有意义（杆子的长度是指在缝隙中出现的长度），对于时间也是相同的道理。因此谈论两个事件发生的绝对同时性也是没有意义的，这样的概念也是只在缝隙的方向明确的前提下才有意义。因此依据不同的视角，事件的发生可能是同时的，也可能是不同时的。

相反，图 35 中双色的长条拥有一个固有的现实性，它是独立于缝隙的角度和位置而存在的。即使我们把缝隙拿开，它依然存在，它是存在于时间和空间之外的。图 32 中的事件 A 和事件 B 也是相同的道理：它们独立于缝隙的角度而存在。这些现象是独立于空间和时间而存在的。

最后要注意的是，在日常生活中，物体运动速度是非常慢的，因此缝隙旋转的角度也是非常小的。这就是为什么相对效应通常是无法被感知的。

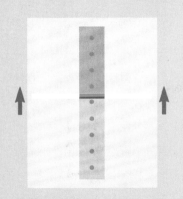

静止的杆子
（颜色的改变是同时发生的）

(a)

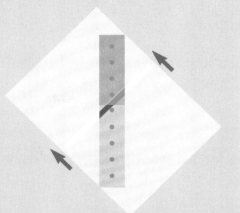

运动的杆子
（颜色的改变是从右向左逐渐发生的）

(b)

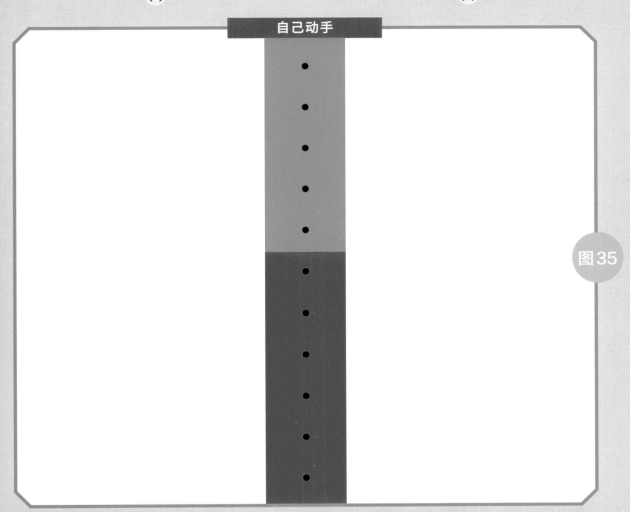

自己动手

图35

三个相对论效应的结合：随着速度的改变，长度、时间和同时性发生变化。

最后一点非常重要，应该时刻想到相对效应只有在运动速度接近光速时才会出现。这就是为什么在我们看来相对论效应是如此违背常理：因为我们从来没有感受到它们。

在第一章里我们讲过，目前世界上最快的火箭，它的速度只有光速的万分之一。以这样的速度，其长度的变化还不到一微米，因此我们根本感觉不到。而如果火箭的速度接近光速，其长度的变化会是好几米。例如，如果一艘火箭的速度可以达到光速的百分之九十，当它从我们面前飞过，它的长度会收缩一半（现在我们考虑的是真实的效应，也就是正效应）。如果它的速度可以达到光速的百分之九十九，那么它的长度只是原来的七分之一[8]。（在第六章中我们会解释为什么物体的速度无法超过光速。）

时间的流逝也是相同的道理：为了让相对论效应能够被感知到，速度也需要接近光速。如我们之前所说，这个现象已经被放置在飞机上的原子钟所证实了。虽然由于飞机的速度问题，这个效应是非常微小的，但是十分精确的原子钟随着飞机上时间的流逝确实相较于地面时间发生了变化。

另外，在粒子加速器中，电子和质子也以接近光速的速度运动，相对效应就非常明显了。在这种情况下，时空的旋转也非常明显。

有一天，我们的火箭一定可以达到这样的速度，那时我们就能亲身感受这些似乎违背常理的现象了。

8. 可参见第 81 页表格。

时空的课程

1. 所有的相对论效应都可以从时空旋转的角度被解释。

2. 被我们称作"空间"和"时间"的东西都取决于它的运动状态。

3. 这些现象存在于时间和空间之外，它们独立于时间轴和空间轴的选择而存在。

由于在日常生活中物体运动的速度很慢，因此在时空中对应的旋转也非常微小。

这就是为什么相对论效应通常是无法被感知的。

不是悖论的悖论

在这一章我们会讲到两个著名的相对论"悖论"：谷仓悖论和双胞胎悖论，我们也会明白为什么实际上它们并不是谬论。这一章也会讲到关于理解相对论的核心内容。

假设你安静地坐在自己家里。你认为你是静止的吗？

—— 是的，当然了，这是什么蠢问题？

—— 不是的，你正在以每小时 10 万千米的速度在太空中运动！实际上，这是地球在宇宙中绕太阳公转的速度。

—— 可为什么我们感觉不到呢？

—— 因为这个速度是恒定不变的。只有速度的变化是可以被感知到的，也就是加速和减速[1]。当汽车减速或者加速，我们能够感觉到：我们的身体会由于速度的变化向前或者向后倾斜。相反地，如果汽车始终以相同的速度行进，一切的感觉都很正常。例如在高速路上，一辆汽车以每小时 100 千米的速度前进，如果我们坐在车里，向上垂直地扔一个球，球会垂直地落回我们的手里，就像车是静止的一样[2]。事实上，如果我们不向窗外看，我们也无法确定汽车的速度是快还是慢；如果不是由于道路不平产生颠簸，我们甚至不知道汽车是在运动还是静止。在飞机上这个感觉更加明显：飞机以每小时 1000 千米的速度飞行，可是我们什么也感觉不到。同样地，如果不是因为颠簸，我们会以为飞机停在地面上（事实上，如果我们想象有一个机械可以使静止的汽车或者飞机产生晃动，我们就没有办法确定汽车或

---

1. 事实上，地球会有一个（向心的）加速运动，因为地球在绕太阳公转时会发生方向的变化，但是这个方向的变化非常慢，因此这个效应是无法被感知的。

2. 当然，如果是在敞篷车里，球会受到风的影响。为了排除这个因素，我们可以想象这个实验是在月球上进行的（因为月球上没有大气层，也就没有风）。在这样的地方，是不是敞篷车就没有关系了：无论汽车的速度是多少，被垂直向上抛的球都会重新落入实验者的手中。

者飞机是否在运动）。因此，恒定速度的运动和静止之间并不存在本质差别 [3]。

来看另一个例子。有时候，我们的车停在红灯前，当我们看旁边的车，会忽然感觉自己的车动了，而事实上是别的车在动！这里依然是因为存在恒定速度的运动和静止之间没有本质区别，而我们只是被这个事实蒙蔽了而已。

A）谷仓悖论

让我们再回到杆子快速通过谷仓的实验中。在这个实验中，谁是静止不动的，谷仓还是杆子？

—— 我本想说谷仓，可是听了你刚才说的那些，我现在不确定了。

—— 犹豫得对，因为这完全取决于参照点。当然，相对于地面来说，谷仓是静止的，但是如果把太阳做参照点，谷仓就是运动的，因为地球是围着太阳运动的。那么杆子的情况也一样。假设一根杆子在太空中浮动，相对于太阳来说，它就是静止的。我们还可以假设这根杆子是沿着地球的轨道运动的。因此地球和谷仓以每小时 10 万千米的速度运动（我们之前说过，这是地球绕太阳公转的速度）。这时从谷仓的角度看，杆子运动的速度是每小时 10 万千米，但是相对于太阳杆子是静止的，是谷仓在动！因此杆子对于谷仓是相对运动，但是对于太阳是相对静止的。我们没有理由说谷仓比杆子"更加静止"，这完全取决于参照点。一个物体可以从一个角度看是静止的，而同时从另一个角度看又是运动的。以高速公路上的汽车为例：从树的角度看，汽车是运动的；但是从我们这些坐在车上的人来看，汽车是静止，树在朝我们的方向做运动。因此，从谷仓的角度看，杆子是处于运动中的，而从杆子的角度看，谷仓才是在运动的。

—— 同意。

—— 我要强调一下，这一点很重要。

—— 但是稍等，还有一个问题。如果从杆子的角度，谷仓处于运动中，那么同样从杆子的角度，谷仓是被压缩的！

—— 确实如此。

—— 这太荒谬了！怎么可能每个物体看到的对方都是被压缩的？被压缩的物体看到的对方应该是被拉伸的才对。

—— 不，你忘记了，我们这里的收缩并不是物理长度的变短，这只是一个视

---

3. 这就是我们所说的"伽利略相对性原理"（牛顿和爱因斯坦都确认过这个原理的有效性）。

觉效应。回想一下，我们说过，这些收缩对应的是时空的旋转。我们在图 36 中指示过，谷仓和杆子的倾斜是相对的。因此无论哪个视角都是从"侧面"观察对方。因此每个视角看到的对方都比自己短。

—— 确实。可是我还有一个疑惑。如果从杆子的角度看，谷仓变短了，那么两扇门是如何同时关闭的呢？我们之前从谷仓的角度看到杆子变短了，因此谷仓的两扇门可以在很短的时间内同时关闭并且不会损坏杆子（参见图 2b），但是从杆子的角度看，两扇门肯定会损坏杆子的。这两点是不可调和的。这说不过去……

—— 观察得很好。这就是为什么人们在开始的时候会认为这是一个"悖论"。但实际上这个悖论并不存在，因为你忘记了很重要的一点：一个观察者眼中的同时发生的两件事，在另一个观察者眼中并不是同时的。因此，从杆子的角度看，两扇门并没有同时关闭：后门的关闭发生在前门关闭之前，如图 37 所示。因此，即使杆子的长度超过了谷仓，它也可以毫无障碍地穿过谷仓。图 38 以更详尽的方式对两个视角进行了对比，可以再仔细观察一下。

—— 我必须承认，这种方式让人印象深刻。每次当我们感觉这个理论有漏洞，要被推翻了，然后马上又合理了……

—— 这就是相对论迷人的一面[4]。

---

4. 如我们所见，长度的收缩和同时的相对性是两个有逻辑关系的现象：它们相互依存并且不会产生矛盾。请注意，当我们按照时空概念进行推理时，显然这两个效应是密不可分的，就如我们在图 35 中所描绘的那样。

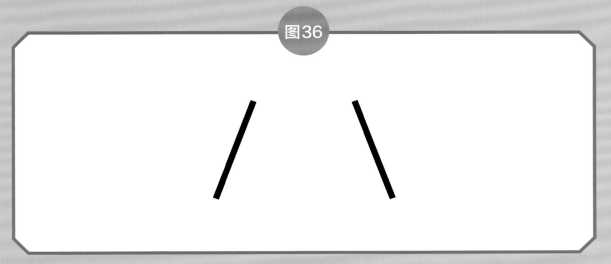

两根相互围绕的线段。 从左边线段的角度看，右边的线段是倾斜的；反之亦然。对于杆子和谷仓来说也是相同的道理。

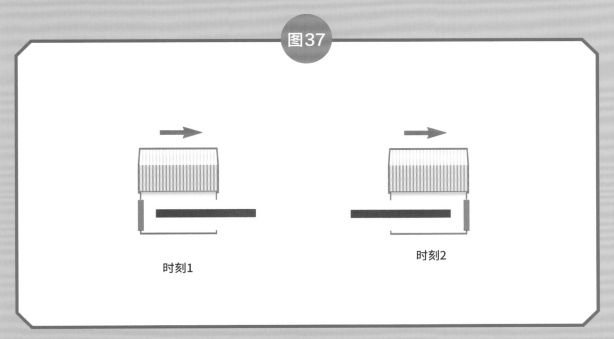

时刻1

时刻2

杆子视角（谷仓处于运动中并且被压缩）：左侧的门在时刻1短暂关闭，然后右边的门在时刻2短暂关闭。虽然杆子比谷仓要长，但是它依然可以毫发无损地穿过谷仓。

实际效应

图38

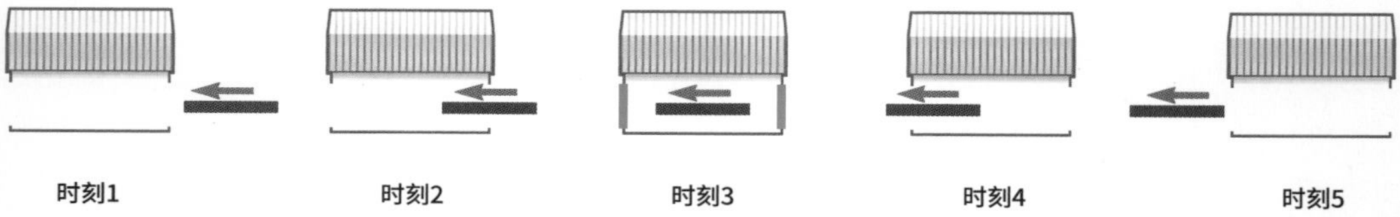

谷仓视角
杆子（朝左）运动，并且长度变短
（在时刻 3，两扇门可以同时短暂关闭）

(a)

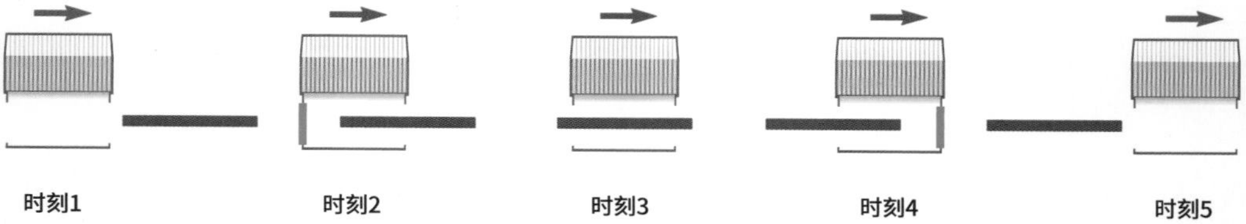

杆子视角
谷仓（朝右）运动，并且长度变短
（在时刻 2，后门短暂关闭，然后在时刻4前门短暂关闭）

(b)

在实际效应的情况中，谷仓视角和杆子视角的对比。

反效应

图39

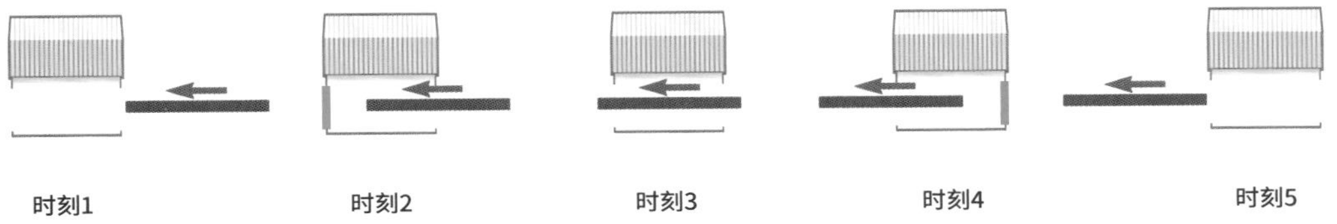

时刻1　　　　时刻2　　　　时刻3　　　　时刻4　　　　时刻5

谷仓视角
杆子（朝左）运动，并且长度变长
（在时刻 2 后门短暂关闭，然后在时刻4前门短暂关闭）

(a)

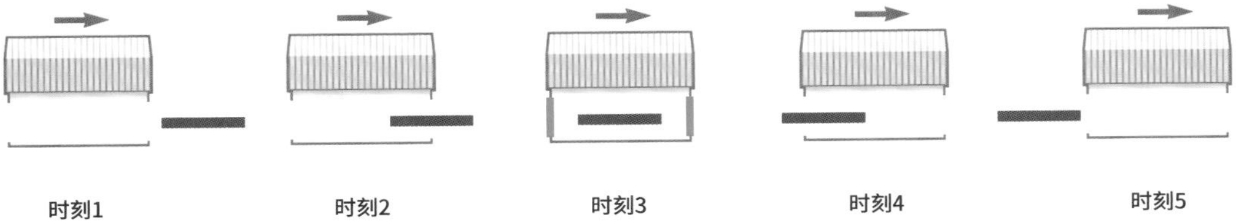

时刻1　　　　时刻2　　　　时刻3　　　　时刻4　　　　时刻5

杆子视角
谷仓（朝右）运动，并且长度变长
（在时刻 3 两扇门可以同时短暂关闭）

(b)

在我们演示的反效应的情况中，谷仓视角和杆子视角的对比。

现在我们从时空的角度对这个情况进行分析，也就是我们要借助活动的缝隙了，我们对这个现象的理解将会更加深刻。要记住，在我们简化了时空的前提下，效应是颠倒的：物体看上去不是被压缩了，而是膨胀了。也就是说情况会像我们在图 39 中所描绘的那样。如我们所见，这样颠倒的效应不会产生什么影响，因为门所表现出的悖论依然存在。事实上，始终会存在一个视角，从这个视角看杆子比谷仓更长，也就是说，从这个视角看杆子是不可能完全进入谷仓的。于是会存在同样的谜团：

1. 为什么每个物体眼中看到的对方都更长（而不是更短）；

2. 为什么两扇门的同步在两个视角下是一致的。

我们从第一点开始。图 40 中展现了相对运动的杆子和谷仓的宇宙面（由于在我们的演示中维度的数量被消减了，因此谷仓也是用缝隙中的线来表示）。图 40a 展现了谷仓视角：谷仓是静止的，杆子长度变长并且向左做运动。图 40b 展现的是杆子视角：杆子是静止的，谷仓长度变长并且向右做运动。谷仓和杆子的长度确实变长了！这个对称效应看上去无法理解，但是借助时空截面的理论，这就很好解释了。在现实中，效应是颠倒的，但是解释是相同的。（当你如图 b 所示滑动缝隙时，要保证滑动方向与杆子的宇宙面长度方向相平行，这样杆子在缝隙中才能呈现出静止的状态。）

★ 别忘了，在我们设想的简化时空的动画中，相对论的效应是相反的；但是这个倒置并不会影响我们理解相对论效应的对称性以及相对论理论中那些著名的所谓悖论。

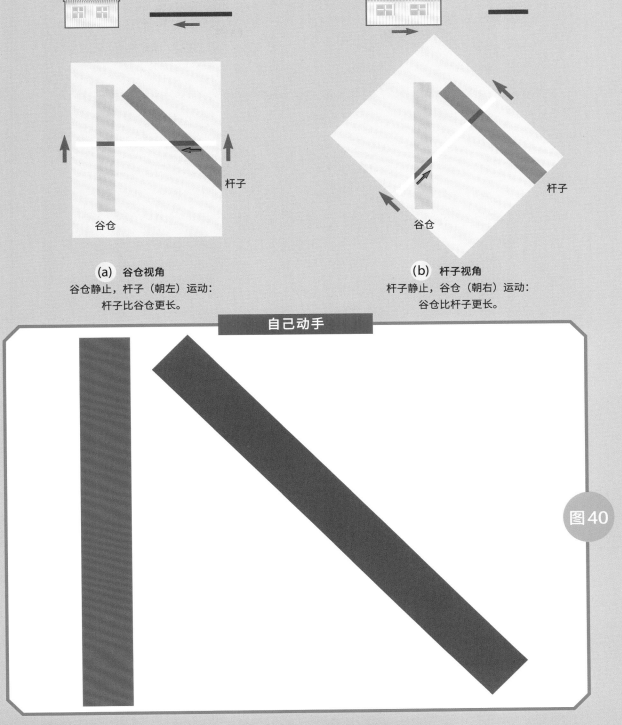

(a) 谷仓视角
谷仓静止，杆子（朝左）运动：
杆子比谷仓更长。

(b) 杆子视角
杆子静止，谷仓（朝右）运动：
谷仓比杆子更长。

自己动手

图40

长度变化的现象是对称的。对比谷仓视角和杆子视角：两者眼中的对方都更长。

现在我们来讲这个悖论的核心，也就是对第二点的解释（两扇门的同步问题）。我们将图 40 中的两个长条延长到二者相交，如图 41 所示。由于效应是相反的，所以现在从杆子的角度看（谷仓更长），两扇门可以同时关闭。如图 41b 所示：在某一个时刻，杆子可以完全进入谷仓，两扇门可以短暂地同时关闭（两个代表着门暂时关闭的点同时出现在缝隙中）。为了清楚地观察到点的出现，可以缓慢地移动缝隙。并且要确保缝隙对齐，这样两个点才可以同时出现在缝隙的开口处（可以让活页沿着尺子或者你的两根手指移动）。相反地，从谷仓的角度（图 41a），杆子更长，因此无法完全进入谷仓。但是从这个角度看，相同的两个事情并不是同时发生的：后门先关闭，前门后关闭（这两个点不会同时出现在缝隙中）。因此即使杆子有一端超过了谷仓，它依然可以毫发无损地穿过谷仓。（图 41a 所描绘的两个时刻与图 39a 中的时刻 2 和时刻 4 相对应，图 41b 中描绘的场景与图 39b 中的时刻 3 相对应。）

我们也可以从其他视角来考虑这个问题，例如，缝隙倾斜的角度可以介于 a 和 b 之间，也就是说从一个观察者的角度看，杆子和谷仓是相向运动的[5]。用时空的概念来解释的话，两个视角之间并不可能产生矛盾的事实就很明显了。实际上，由于象征着关闭的门的两个点碰不到杆子的宇宙长条（蓝色），因此无论观察者是谁，杆子和门之间都不会产生接触。

....

5. 事实上，我们可以通过变化缝隙倾斜的角度找到一系列不同的参照点（但是角度不超过 45 度）。

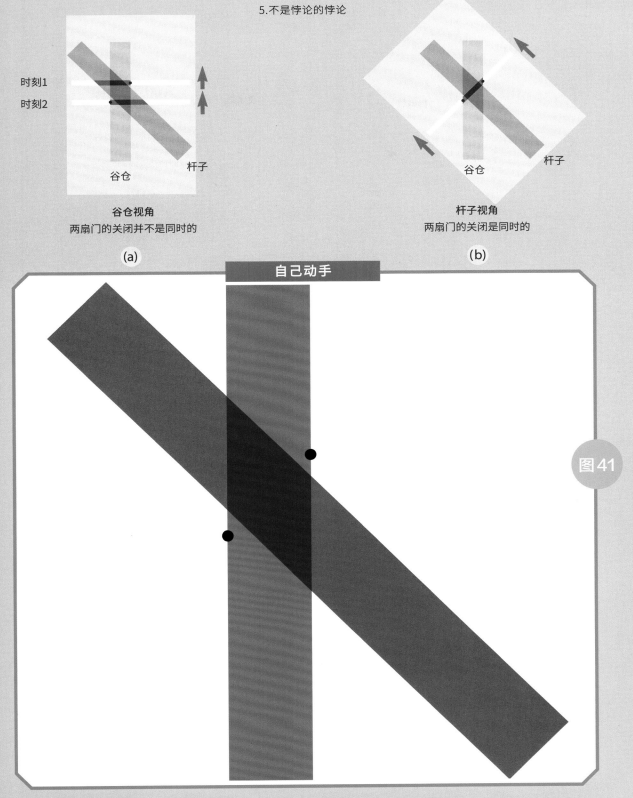

时刻1

时刻2

谷仓

杆子

谷仓视角
两扇门的关闭并不是同时的

(a)

杆子

杆子视角
两扇门的关闭是同时的

(b)

自己动手

图41

谷仓悖论的解决方法。 注意：谷仓的门除了短暂关闭的情况（由一个点表示）之外，始终处于敞开的状态。也就是说，一个点代表着门的快速关闭或者开启运动。

B) 双胞胎悖论

时间的膨胀也存在着同样的对称形式。让我们回顾一下那艘高速飞行的火箭。从地球的角度来看，是火箭在运动，也是火箭时间变慢了。

可是从火箭的角度来看，是地球在运动，并且是地球时间变慢了。和长度收缩的情况一样，这里也存在一组对称：双方都认为是对方的时间变慢了。

—— 但是这不可能，如果时间的减缓不是一个幻象，那么这个效应不该是对称的。我想说的是，如果火箭里的时间真的相较于地球时间变慢了，那么对于火箭里的宇航员来说，地球时间应该是加快了才对。

—— 错了！再说一次，是时空决定了这个问题的答案。但是既然在我们这个简易时空中，这些效应是颠倒的，那就来看看大家是如何能够观察到别人的时间在加速流逝。这看上去也完全是一个悖论，你同意吗？

—— 当然！

图 42 中有两个独立的计时器，左边的计时器代表地球时间，右边的代表火箭时间。我们可以自己选择计时器上的每一个闪烁点代表的是一秒、一天或是一年。如图 42 a 所示，从地球的角度看，火箭向右边运动，它的时间加速流逝：它的时间点闪烁的频率比地球上的快。要证明火箭上的时间闪烁更快，我们只要数一下两个平行时刻之间闪烁点的数量即可。如图所示，在时间 1 到时间 2 之间，地球上的时间闪烁点是 3 个，而火箭上的时间闪烁点是 4 个。相反地，如果以火箭时间为基准，如图 42 b 所示，结论则完全相反：地球向左边运动，它的时间加速流逝；于是在两个平行时刻之间，火箭上的时间闪烁点是 3 个，地球上的时间闪烁点是 4 个。于是时间的流逝也存在一种对称：双方都认为对方的时间变快了。

—— 这确实让人印象深刻。

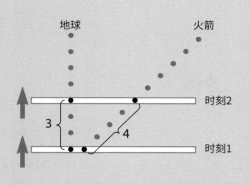

地球视角

当地球上三年过去了，在火箭上四年过去了。

(a)

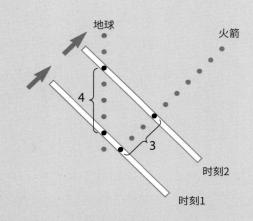

火箭视角

当火箭上三年过去了，在地球上四年过去了。

(b)

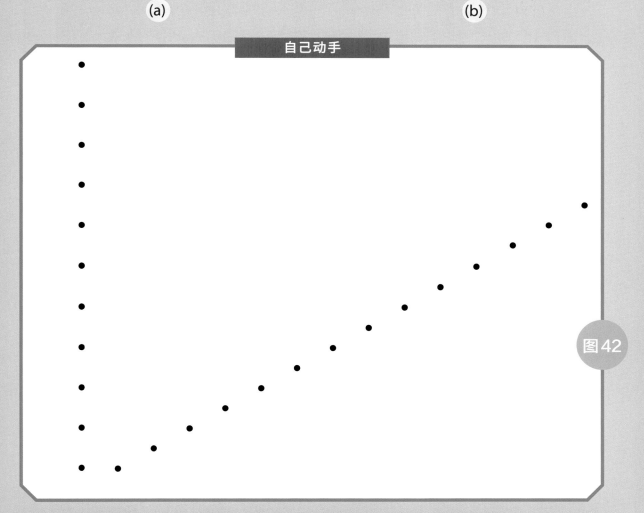

自己动手

图42

时间变化现象的对称。 对比地球视角和火箭视角：从双方的角度看，对方的时间流逝都变快了。

如果火箭向地球靠近（图 43），这个情况也是对称的。如我们所见，在运动中出现的点（依据视角的不同，可以是地球或者火箭）会闪烁得更快[6]。因此无论火箭是远离地球还是靠近地球，情况都是对称的：双方观察到对方的时间始终比自己的时间流逝得快。

—— 可是稍等，当双胞胎兄弟中的一个返回地球时，他怎么会比另一个更年轻呢？

—— 好问题。因为当出现往返的旅程时，情况就不再对称了。人在返回时的速度就不再恒定了：为了改变方向，他必须减速，停下，然后向反方向再加速。然而，如我们之前讨论过的那样，减速和加速是人类可以感知到的现象。火箭里的宇航员可以感受到运动方向的改变，而地球上的人却感受不到。因此，我们不能认为宇航员是静止不动，而地球做了往返运动。在这个例子中，有一个优先视角，也就是地球视角，因此随火箭返回的双胞胎哥哥就比弟弟更年轻了。

—— 关于优先视角我没有异议，可是我还是不明白，为什么从时间流逝的角度看，情况是不对称的呢？

—— 为了弄清楚这个情况，我们再回到时空当中。虽然每个人时间流逝的速度在对方看来是加速的，可为什么在双胞胎中的一个回到地球上时，确实比另一个更年轻了呢，我们将找到原因。由于效应的颠倒，所以在我们的解释中，是留在地球上的那一个更年轻。

---

6. 我们也可以在上图中让缝隙向相反的方向滑动（从时刻 2 向时刻 1）。

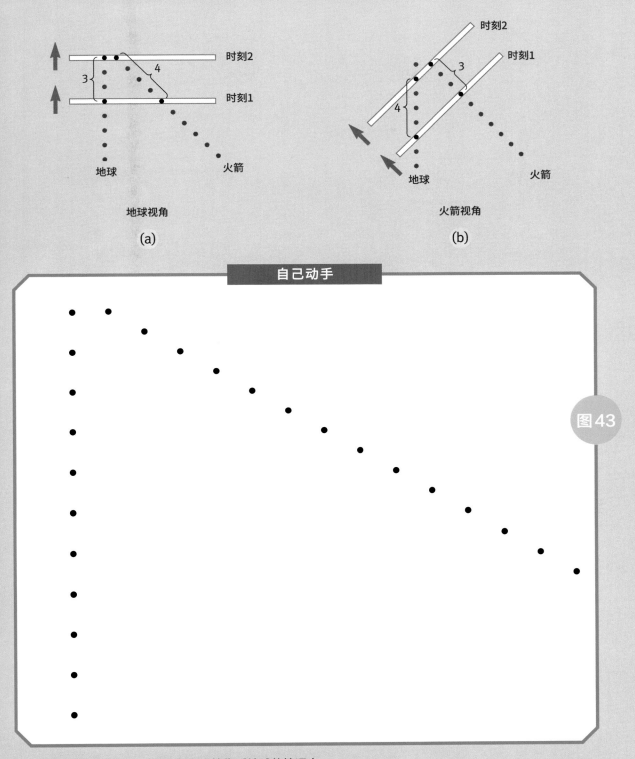

和前图中的现象相同，但是是在火箭靠近地球的情况中。

图 44 代表了地球和火箭的宇宙线（图片中火箭的宇宙线改变了方向，代表着火箭进行了往返的旅程）。从地球视角看（图 44 a），火箭向右运动然后返回。此时处于运动中的是火箭，并且无论是去程还是返程中，都是火箭的时间流逝得更快（请记住，始终都是处于运动中的点闪烁得更快）。从火箭视角看（图 44 b），结论截然相反：处于运动中的是地球。地球先向左运动然后返回。为了使火箭在缝隙中保持静止，我们需要在火箭返程的时候旋转一下缝隙（因为在火箭视角看，它自己是静止不动的）。由于这一次是地球处于运动中，因此无论是去程还是返程，都是地球时间流逝得更快。然而最后，乘坐火箭的那个双胞胎哥哥确实更老了。

—— 是吗？为什么？

—— 可以计算一下地球和火箭各种运动轨迹上的点：地球轨迹上有 10 个点，火箭则有 14 个点！也就是说，从地球的角度看，地球经历了 10 个闪烁点，而从火箭的角度看，火箭经历了 14 个闪烁点。如果我们把每个闪烁点看成 1 年，那么当地球上经历 10 年的时候，火箭上的时间过去了 14 年。因此火箭旅人回到地球上时，就比自己的双胞胎兄弟老了 4 岁。然而，在往返的过程中，情况是完全对称的。在双方看来，对方的时间流逝都更快（自己经历了 3 年，对方经历了 4 年）。而这种神奇的情况是因为宇宙线改变了方向，并且缝隙也在这里发生了转向 [7]。简言之，在去程和归程中，情况是对称的，可是在发生转向的时候，情况就不对称了 [8]。

请注意，在火箭的速度发生变化时，宇宙线也发生了倾斜，我们可以将老化的差距扩大。最后还要提醒大家注意，由于现实中相对论的效应和我们所解释的效应是完全相反的，因此实际上应该是乘坐火箭的双胞胎哥哥比留在地球上的那位要年轻。关于这个现象的解释始终是一致的，只是时空中的几何是不同的。

7. 也就是说，在这个位置，火箭的现在（它的同时线）发生了转向。请注意，因此宇宙线的长度决定了两个事件之间的时间长短：依据时空中的行动轨迹，持续的时间是不同的；在普通空间里，两个目的地之间的距离也会因所走的路线产生差异。我们同样可以想象在一个圆柱形的宇宙中，宇宙线不产生转向的情况（参见第 83 页图 48）。

8. 在第 84 页的对应章节有关于双胞胎悖论的另一种更简单的解释，并配了图 49 帮助理解。

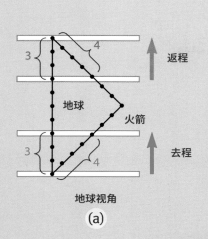

地球视角

(a)

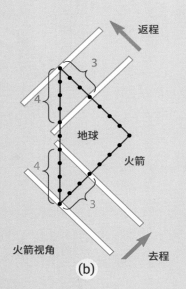

火箭视角

(b)

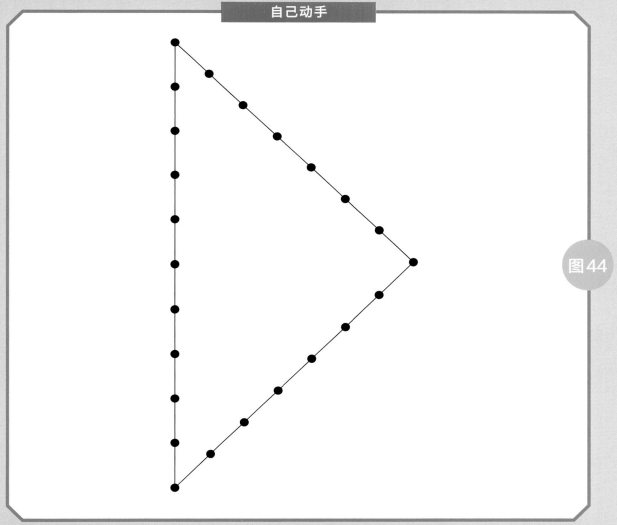

自己动手

图44

双胞胎悖论的解决方法。

如我们之前讲过的，通过改变火箭的速度，可以扩大双胞胎兄弟衰老速度的差距。然而不要忘记，想要感受到这个效应，火箭的速度必须接近光速。以我们日常生活中的速度（即便是我们的火箭速度），衰老速度的差异是我们无法感知的，而这个差异可以被非常精密的仪器探测出来（我们在第一章已经提到了）。基本上在速度可以达到光速的二分之一时，效应开始显现，但是只有在速度无限接近光速时，向未来的跳跃才能非常显著。我们可以回想之前的故事：如果当地球上流逝了100年，而双胞胎中的宇航员却只老了1岁，那他就实现了向未来跳跃了99年（也就是说，他花了1年的时间向地球上的未来前进了100年）。

为了更明确地显示出衰老差异和速度之间的关系，我们将在下面的图表中比较效应的扩大和速度之间的关联（我们使用的是真实的效应，而不是反效应）。我们认为一个宇航员以不同的速度进行了一年的太空旅行，来比较在不同的速度下，地球老化的程度。也就是说，从火箭的视角看，火箭只运动了一年，而在地球上，由于火箭速度的不同，可以经历各种不同的时间周期。在下一章中我们将会看到，火箭的速度只能无限接近光速，却永远都无法达到光速。

火箭速度与光速的比率	火箭运行 1 年相当于地球上的时间
10 %	1年零2天
50 %	1年零2个月
90 %	2年
99 %	7年
99.9 %	22年
99.99 %	71年
99.999 %	224年
99.9999 %	707年
99.99999 %	2236年

光速：无法被超越的屏障

 在这一章我们将看到为什么存在一个无法被超越的时间的界限。

A） 一个真正的悖论

—— 为什么光的速度如此特殊？

—— 因为它是一个无法超越的界限。任何物体的速度都不可能比光速快。

—— 如果超过光速会发生什么呢？

—— 这不可能！

—— 但是假设我们可以呢？

—— 好吧！那时间就会倒退。我们可以到过去旅行。

—— 这难道不是一个令人兴奋的事情吗？

—— 当然，但是这会导致各种无法避免的时间悖论。

—— 我不太明白。

—— 举个例子吧。假设我今天向宇宙中的另一个星球发送了一则消息，消息的发送速度超过了光速，那么这个消息返回地球的时间就有可能是地球上的昨天，也就是它被送出的时间之前！

—— 那么矛盾的地方在哪里呢？

—— 假设今天是彩票开奖的日子。我可以记下中奖的号码，然后向过去的自己发送这个号码，这样我昨天（也就是开奖之前）就可以收到这个中奖号码，然后我按照中奖号码去买了彩票，等着第二天（也就是今天）开奖。我肯定会中奖的！

—— 这不是挺有趣的吗？我还是不明白矛盾的地方在哪里。

—— 再举另外一个例子。假设有一个疯狂的发明家，他在 40 岁的时候设计出一个可以引爆地球并把地球完全毁灭的超级炸弹。他把设计图纸邮寄给过去的自己，这样他在自己 20 岁的时候就可以收到这张图纸。而这个发明家在 20 岁的时候就已经很疯狂了，于是他决定制造这颗炸弹并且毁灭地球。这样的话，他在 20 岁的时候就和地球一起爆炸毁灭了，那他怎么能够在 40 岁的时候设计这个炸弹呢？

—— 呃……

—— 最后再来说一个更加不容置疑的例子。对不起，这个例子有点生硬，但是它非常有力地突显出这个问题的深度。假设我回到了过去，遇见了当时只有 15 岁的我母亲，并且我意外地杀了她。这样我母亲就是在生我之前就去世了！那我是从哪里来的？我是谁？……

—— 好吧。向过去的时光旅行会导致很多不合理的地方，这一点我同意。可是我还是不明白这和光速有什么关系。我想说，我还是不明白为什么速度超过光速就意味着有可能返回到过去。

—— 让我们回到图 8。我们看到了，宇宙线越倾斜，点的速度就越快。由于存在着速度的极限，这就意味着宇宙线有一个最大的倾斜角度。我们把这个斜角的极限设为 45°（图 45a）。同理，由于没有一个观察者的运动速度可以超过光速，这就意味着缝隙的倾斜角度也有一个最大限度（图 45b）。我们来看看，如果不存在这样一个斜角极限的限制会发生什么。比如，假设一颗子弹从枪膛中发射出来，子弹的速度超过了光速。也就是说，假设这颗子弹的宇宙线的倾斜角度超过了 45°，就像图 45a 中标出的禁止斜角那样。我们在图 46 上来做演示。（之后我们再来看图 45c。）

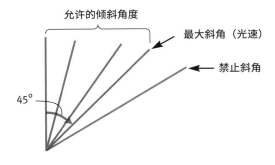

宇宙线与垂直线的夹角不超过45度
（向左倾斜也一样）。

(a)

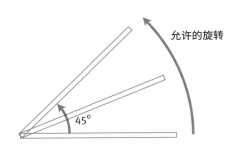

缝隙的旋转与水平线之间的夹角不超过45度
（向反方向旋转也一样）。

(b)

图45

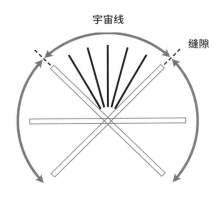

当宇宙线的倾斜角度和缝隙的旋转角度不超过45度时，
就不会产生因果关系的颠倒。

(c)

光速的限制。

图 46 中显示了手枪和目标的宇宙线（两条黑色的垂直线）以及子弹的宇宙线（蓝色的斜线）。红点标志着子弹离膛的时刻，黑点标志着子弹命中目标的时刻。开枪的人是相对手枪和目标静止的观察者（图 46 a），子弹按照常理从手枪向目标移动：一切都很正常。但是对于一个快速移动的观察者来说（图 46 b），子弹是由目标向手枪移动的！子弹离开目标回到手枪里[1]……对于这个观察者来说，时间是倒流的：子弹从未来回到了过去。因果关系也发生了颠倒：目标在手枪打出子弹之前被击中。简言之，就是结果发生在起因之前。这太荒谬了！

相反，如图 45 c 所示，如果我们假设缝隙的最大旋转角度无法达到宇宙线的最大倾斜角度（也就是说缝隙无法和宇宙线相交），这样的因果颠倒就不会发生。换言之，想要保持宇宙的正常秩序，也就是不出现因果颠倒的情况，就必须有一个速度的极限。而这个极限就是光速。

再想一下刚才的例子，把子弹想象成在两个星球之间飞行的火箭（"手枪"星球和"目标"星球），这个情况就会变得更加不合常理。从 a 视角看，火箭上的时间是按照正常方式流逝的，宇航员在从"手枪"星球向"目标"星球运动的过程中会慢慢变老，火箭里的植物也在逐渐成长，等等[2]。而相反，从 b 视角看，火箭是反向行驶的，宇航员会变年轻，植物会变小，等等。简言之，火箭里的时间是倒流的，结果发生在原因之前。这也是非常荒谬的。

B）质量的表象增长

—— 好吧，我可以理解从逻辑的角度讲需要有一个速度的极限。但是我还是不懂，是什么阻止了物体的物理速度超过光速呢？比如说，一个物体在以接近光速的速度运动，只要稍微再推它一下就可以让它的速度超过光速了啊。

---

1. 观察者的速度一定要非常快，以致缝隙倾斜的角度超过了子弹的宇宙线的角度。

2. 比如可以想象手枪的宇宙线在朝着目标的方向变宽，这就象征着植物的成长。

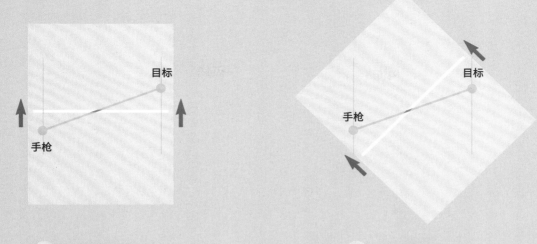

(a) 正常的因果关系
子弹从手枪移动到目标

(b) 颠倒的因果关系
子弹从目标移动到手枪

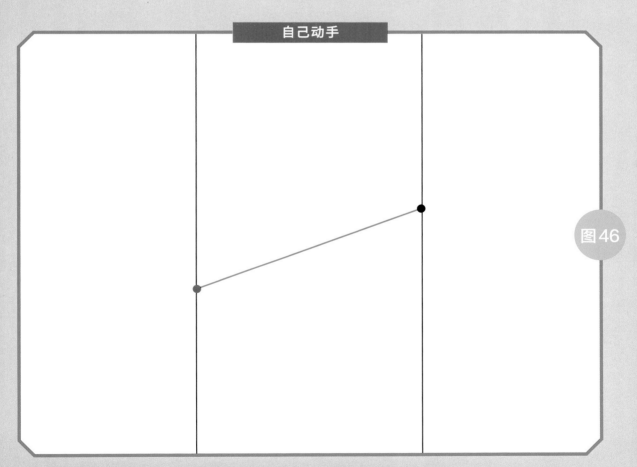

自己动手

图46

当物体的运动速度超过光速时会产生的悖论。 在这里，子弹的运动速度超过光速。

　　—— 不！因为物体的速度越接近光速，再提速就变得越困难了。

　　—— 为什么？

　　—— 因为眼前发生的情况仿佛是物体运动的速度越快，它的质量就会越大（我们之后再来看原因）。然而物体的质量越大，就越难移动它，也越难让它加速（即使是在失重状态下，移动一个保龄球也比移动一个皮球要困难得多）。因此，物体的速度越高，就越难再提高速度了。当物体的速度达到接近光速的极限时，它的质量也接近了无穷。因此就需要一个接近无穷大的能量来推动它，使得它的速度可以更加接近光速。

　　这是科学家从巨大的粒子加速器中验证得出的结论。想要电子的运动速度从光速的 0% 到 10% 是非常容易的，从 10% 到 20% 就要困难一些，从 20% 到 30% 就更困难了，以此类推。然后，要让电子的运动速度从光速的 98% 到 99%，是非常困难的，从 99% 到 99.9% 更加艰难，从 99.9% 到 99.99% 更加更加艰难，从 99.99% 到 99.999% 更加更加更加艰难，以此类推。简言之，我们永远都无法让物体的速度达到光速[3]。

　　我们可以假想另一种超过光速的方法（当然这是错误的）。假设有一个乘客在火车里。他以每小时 5 千米的速度从车尾向车头行进。同时，火车在铁轨上以每小时 20 千米的速度前进。因此，如果以地面为参照物（假设地面上有一个人在地面上等待这名乘客），乘客前进的速度是每小时 25 千米。现在我们想象乘客和火车的行进速度非常快。光速是每秒 30 万千米（注意不是每小时，而是每秒）。假设乘客从车尾向车头行进（奔跑）的速度是光速的三分之二，也就是每秒 20 万千米。假设火车前进的速度也是光速的三分之二，也是每秒 20 万千米。因此我们好像可以按照之前的推理得出结论，乘客前进的速度是每秒 40 万千米，也就是超过光速了。其实不然！因为在高速运转的世界里，20 万加 20 万不等于 40 万，而等于 27.7 万！（这个结果是通过一个算式得出的。）也就是说，以在地面等待的人为参照物，乘客前进的速度只有每秒 27.7 万千米——还是低于光速的！

------

3. 只有纯能量形式的速度可以达到光速，例如电磁波（无线波、微波、红外线、可见光等）；而且它们也只能以光速运动。很遗憾，在我们的书中使用的简化时空，无法解释为什么所有的观察者，无论其自身的运动速度是多少，测量出光的速度都是相同的。

这怎么可能呢？为什么速度会以一个这么奇怪的方式相加？只是因为时间的流逝对于在地面等待的人和乘坐火车的旅客来说是不一样的。实际上，应该如何定义速度呢？速度就是物体在一定时间内运动的距离。例如，物体 1 小时运动了 20 千米，那它的速度就是每小时 20 千米。因此，如果两个观察者对时间的测量有不同，那么他们眼中物体的速度也是不一致的。于是我们可以理解为什么在这里速度的叠加方式和通常的方式不一样。事实上，速度以这样的方式叠加，观察者无论如何都无法测量出一个超过光速的速度。当相关的速度太低时，时间变慢的相对效应又小到可以忽略不计，因此在第一个例子当中，速度的叠加方式就是普通的相加。

—— 好吧。但是你还是没有解释物体的质量是如何随着速度的增加而变大的。

—— 注意。我没有说物体的质量会随速度的增加而变大，我说的是眼前的情况仿佛是质量随速度的增加而变大。即使是在真实效应的影响下，物体的物理质量也是不会增加的 [4]。这和长度的收缩是一个现象：虽然杆子确实可以进入两扇门，但是它的物理长度并没有被压缩。长度的收缩是时空旋转的结果，但是如何解释物体质量的表象增长呢？我们可以用下面这个非常形象的方法来看这个问题。假想有一个力作用于运动的杆子。首先想象这个力是来自外部的因素：例如是"我"在推这根杆子 [5]。也就是说，我保持不动，有一根杆子从我旁边经过，我为了提高杆子的速度，给了它一个推力。于是问题来了：为什么杆子运动得越快，我为了使杆子加速所给的推力就越大呢？因为杆子的速度越快，它在时空中的旋转角度就越大；如果杆子发生了旋转，我的推力就没有对准它！因此我的推力效率就降低了。

----

4. 事实上，我们可以改变物体针对我们的相对速度，因此物体的"质量"也是运动当中的一个因素。（真正发生变化的是物体的惯性而不是质量。）

5. 更现实的例子：电磁场在粒子加速器中对粒子进行加速作用。

来做一个类比。试想轨道上有一辆小推车（如下图所示）。如果我们从后部推它（从 A 点发力），它就可以很轻松地移动；但是如果我们从斜角处推它（从 B 点发力），要让它移动就会比较困难了。作用力的方向与轨道的夹角越大，小推车就越难移动（施力的人就感觉推车变重了！）。也就是说，为了使小推车的速度提高，作用力方向与轨道的夹角越大，作用力就要越大。如果作用力的方向与轨道完全垂直（从 C 点发力），无论作用力有多大，小推车都不会加速的（仿佛小推车的质量变成了无穷大）。同样地，当杆子对于我处于相对运动状态，并且对于我来

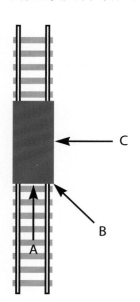

说，它在时空中发生了旋转，那么我对它实施推力的方向并不是它自身运动的方向。因此我对杆子实施推力的效率也不是 100 %：我的推力是一个固定的方向，而杆子运动的方向和推力的方向并不一致（我们无法感知到杆子运动的方向）；因此推力的一部分就被分解掉了。为了补偿这一部分被分解掉的力，我们就需要加大推力。杆子运动的速度越快，它在时空中的旋转角度就越大，因此推力的效率越低，就要给出越强的推力。从发出推力的人来看，仿佛杆子的质量变得越来越大了。当杆子的前进速度无限接近光速时，作用在杆子上的推力几乎和它的运动方向垂直（如 C 作用力一样），因此这个推力对于杆子的加速几乎起不到任何作用。所以杆子就不能再提升自己的速度了。

现在，我们不考虑施加在物体上的外力，我们只考虑内力影响，也就是物体自身的力量。例如，火箭的发动机可以自己发出一个推力。发动机的推力一定和自身的前进方向是一致的（在时空中，它会随着火箭自身的旋转发生转向，因为它和火箭的运行速度是一样的），因此这个推力的效率总是 100 %。那么为什么在地球上的观察者看来，火箭的速度越来越难提升了呢？（你知道答案吗？）因为从地球视角看，随着火箭的速度越来越接近光速，火箭里时间的流逝速度越来越慢；如果时间变慢，发动机运行的速度也会变慢：好像发动机的力量越来越弱了！当火箭的速度无限接近光速时，时间几乎静止了，那么发动机也就没有任何推动力了……

因此这只是一个导致质量表象增大的几何效果，而不是物理质量的实质性增大。事实上，相对论的所有效应——时间的膨胀、长度的收缩、相对同时性以及质量的表象增长——都可以用时空的旋转来解释。

C） 近在咫尺的全宇宙

值得注意的是，尽管光速是一个绝对的极限，人类依然有可能在自己希望的时间内到达宇宙的任何角落。比如离我们最近的星系是仙女座，距离地球 200 万光年，也就是说光到达那里需要 200 万年（从地球视角看）。然而，如果我们的火箭以光速的 99.999999999999999 % 的速度向仙女座进发，火箭里的时间就会变得很慢，我们可以用 3 天时间到达那里！一趟往返也就只要 6 天。当然了，在这 6 天里，地球上已经经历了 400 万年（去程需要 200 万年，回程需要 200 万年），因为从地球的视角看，火箭的速度是几乎等于光速的[6]。简言之，即便存在着速度的极限，整个宇宙也在我们可以触及的范围之内——我们只要以无限接近光速的速度行驶就可以了……[7]

---

6. 值得注意的是，从火箭视角看，时间流逝的速度是正常的，只是地球到仙女座的距离被压缩了。参见第 84 页的相关解释。

7. 事实上，如果我们考虑到人类身体的制约因素，那么我们必须把加速度控制在合理的范围内；而这会延长我们的旅行时间。

摘要

这个关于时空的研究方法可以让我们理解：

① 为什么空间和时间是相对的。

② 为什么空间和时间的结合，也就是时空，是绝对的。

③ 为什么长度的收缩可以是一个真实的现象（一根超过谷仓长度的杆子可以完全进入谷仓中），而物体的物理长度不会发生变化。

④ 为什么火箭里的时间膨胀可以使得乘坐火箭的双胞胎哥哥变得比留在地球上的弟弟更年轻，而哥哥身体的代谢并没有变慢。

⑤ 为什么在一个观察者眼中同时发生的两件事在另一个观察者看来并不是同时的；也就是说，为什么一个人的未来可以是另一个人的过去。

⑥ 作为时空旋转这个现象的三个结果，上述三个效应是如何紧密联系的。

⑦ 所谓的相对论悖论（谷仓悖论和双胞胎悖论）是如何解决的。

⑧ 为什么光速是一个无法超越的极限。

结语

在这里，我们介绍了爱因斯坦于1905年创立的狭义相对论。10年之后，他将引力的影响因素考虑进来，归纳出新的理论，这就是广义相对论。在这个新的情况中，时空会由于物质的存在而发生变形。这个弯曲的时空会导致其他奇怪的现象，例如黑洞以及平行宇宙的存在。但是这就是另一个故事了……

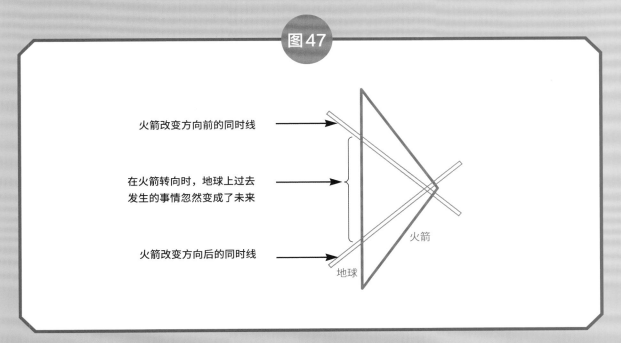

图 47

火箭改变方向前的同时线 ⟶

在火箭转向时，地球上过去
发生的事情忽然变成了未来 ⟶

火箭改变方向后的同时线 ⟶

火箭

地球

方向改变时同时线的转向。

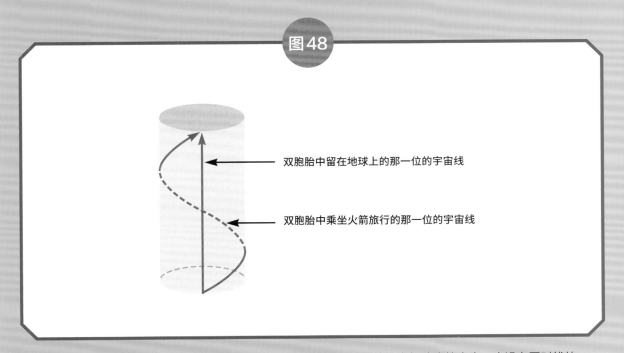

图 48

双胞胎中留在地球上的那一位的宇宙线

双胞胎中乘坐火箭旅行的那一位的宇宙线

圆柱空间里的双胞胎悖论。 火箭旅行者的方向没有发生变化，因此没有加速度的产生，也没有同时线的
转向。但是他的宇宙线确实更长。

双胞胎悖论 — 2

在第五章，我们使用了一种方法来介绍双胞胎悖论，现在我们来换一种解释方法。这个方法可以让我们亲眼看到长度的收缩和时间的膨胀之间紧密且重要的关联。关于这个所谓的悖论，它的解决方法是基于下面这个关键点。当火箭在太空中与一颗行星交错而过，这个情况是对称的（火箭和行星都会觉得对方的时间变慢了），但是如果火箭是在两个星球之间行进的话，这个情况就不再对称了（即使是只存在去程的情况下）。换言之，如果我们只考虑单一事件，情况就是对称的，可如果要对两个事件进行对比，情况就不再对称了。图 49 中描绘了 A 和 B 两颗相对静止的行星，一艘火箭从行星 A 向行星 B 进发。由于我们使用的是简化时空（欧几里得时空），因此效应是相反的：运动的物体看上去更长，它的时间会加速流逝（但是这里关系到的是这些现象之间相同的逻辑联系）。因此，从行星的视角看（图 49a），火箭的时间在加速流逝（点闪烁的频率很快），而从火箭的时间看（图 49b），行星的时间在加速流逝：这就是我们经常会讲到的对称关系（例如图 42）。相反，如果我们对比两个特定的事件，例如火箭离开 A 行星和火箭到达 B 行星（两个红色的点），那么情况就不再对称了。实际上，在参照系看来，这两个事件之间的时间间隔并不相同：从行星视角看（图 49a），火箭从出发到到达，行星上时间过去了 3 年（沿垂直的宇宙线），而从火箭视角看（图 49b），火箭从出发到到达，火箭经历了 6 年（沿倾斜的宇宙线）。因此从行星的视角看，航行的时间更短，这里并不存在对称关系。然而，所有人都对宇航员在航行中老了 6 岁的事实表示认同！实际上，从任何视角看，火箭的宇宙线上都经历了 6 个闪烁的点：只是从行星的角度看，这个闪烁频率变快，而从火箭的角度看，

闪烁频率是正常的。因此在火箭看来，这 6 年需要经历更多的时间。可为什么到达相同的目的地，火箭要花更久的时间呢？因为在火箭看来，（处于运动中的）行星之间的距离更长了！这就是长度的收缩和时间的膨胀之间著名的几何联系。简单来说，当火箭到达目的地，行星上的居民老了 3 岁，而火箭上的宇航员老了 6 岁。从行星视角看，宇航员老化的速度变快了，可是从火箭视角看，一切都很正常：在这 6 年里，时间还是惯常的节奏，并没有加速流逝。当然，如果火箭是从 B 行星飞往 A 行星，情况也是一样的。因此，一趟往返的旅程只是将我们刚才描述的情况进行两次，宇航员在返航时的确会变得更老。但是不要忘记，现实的效应是相反的：也就是说在宇航员看来他的旅行（从时间和距离上看都）是更短的。因此很多解释都可以用图 49 来概括，它让我们理解：

① 每个人观察到对方的时间都是加速的（对称关系）；

② 然而在两个特定的事件之间存在着非对称关系：两个视角中有一方的时间是较短的；

③ 在火箭里一切都是正常的；

④ 时间的膨胀和长度的收缩之间有逻辑联系。

关于最后一点，我们已经在关于谷仓悖论的解释中发现了长度的收缩和相对同时性之间有着类似的逻辑联系。因此这三个现象之间有着非常紧密的关联，这个关联是相对论的理论基础。

总之，我们可以说，当考虑单一事件时，会存在对称关系：相互交错的谷仓和杆子（双方都认为对方的长度更短），相遇的行星和火箭（双方都认为对方的时间变慢了）；但是当考虑两个不同事件时，这个对称关系就不复存在了：两扇门的同步或者在两点之间移动所需的时间。

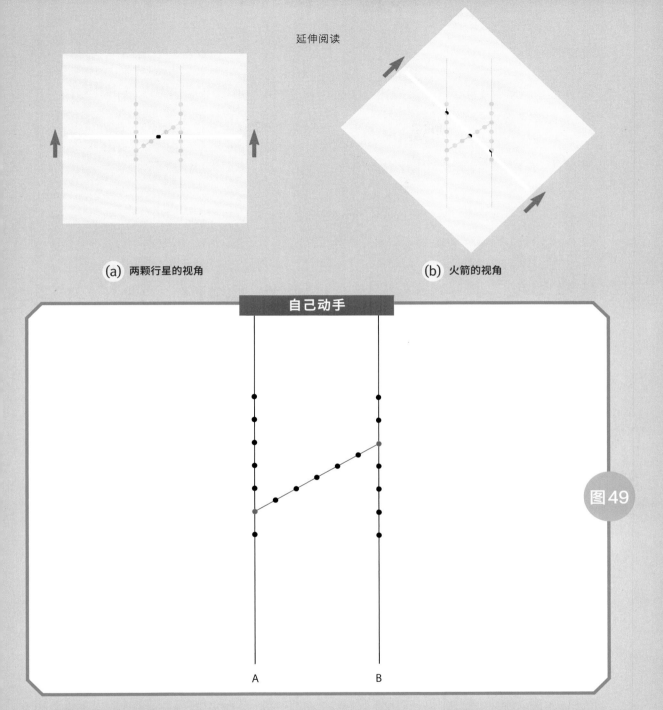

(a) 两颗行星的视角

(b) 火箭的视角

自己动手

A   B

图49

关于双胞胎悖论的另一种解释方法，在不考虑这是一个往返旅程的前提下，帮助我们理解造成双胞胎年龄不对称的原因。图像中描绘了两颗相对静止的 A 行星和 B 行星的宇宙线，还有从 A 行星向 B 行星行进的火箭的宇宙线；两个红点代表了火箭的出发和到达。由于我们使用的是简化时空（欧几里得时空），因此效应是相反的：运动的物体看上去更长，它的时间会加速流逝（但是这里关系到的是同样的所谓的悖论）。从行星的视角看**（图a）**，火箭从出发到到达，行星经历了 3 年的时间，而火箭则加速经历了 6 年的时间（火箭的宇宙线上有 6 个点快速闪烁）。相反地，从火箭的视角看**（图b）**，火箭里时间的流逝是正常的（点的闪烁更慢），但是这段旅程确实经历了 6 年（点还是闪烁了 6 次）。所有人都对宇航员在航行中老了 6 岁的事实表示认同。然而在行星看来，这段旅程持续了 3 年。因此从这个角度看，旅程持续的时间是不同的。（想了解更多的细节，参见前页的文字。）

并不是一切都是相对的

有必要再强调一遍，在相对论中，并不是一切都是相对的：光速是绝对的，时空是绝对的，宇宙线和宇宙面是绝对的（因此宇宙的体积和加上补充维度后的超体积都是绝对的）。事实上，虽然这个理论的名字是相对论，但是它的理论基础却是绝对的；尤其是"时间的间隔"，这个我们会在本章第三部分中进行讨论。（因此一些人认为相对论这个名字起得不太准确。爱因斯坦本人也不是很满意这个命名。）

视觉象差

由于光的传播速度是有限的，我们看到的处于快速运动中的物体是变形的，因为我们不是同时收到来自物体不同位置的光（来自物体后部的光比来自物体前部的光要晚一些）。因此我们必须区分这些（虚幻的）视觉效果和收缩的真实效应。一个从我们面前快速经过的物体，它的视觉表象是在空间中旋转的物体（例如我们可以给这个物体拍张照片）。这个在空间中的旋转只是一个幻象，我们不能把它和我们之前讲到的时空中的旋转相混淆。运动物体的视觉表象可以是一个有趣的主题，却不是一个基础的现象。因此为了聚焦在物理效应上，我们用一个具体的例子来讨论长度的压缩：一根运动中的杆子可以完全进入比它短的谷仓吗？这样的研究方法是独立于视觉感知之外存在的。在时空框架下，对这个问题的介绍会自动去除视觉效应。同样地，我们之前讨论过，在一个参照系中有两个事件同时发生，在参照系发生变化时，两个事件就不再同时了，这个不同时性并不是图像传输中的延迟导致的视觉效应促使的，而是由于"纯"效应。（相反地，火车里两盏同时亮起的灯，这是关于相对论的传统举例，而这个例子当中包括了视觉效应，因此是有一些迷惑性的。）

一点历史

四维时空统一体的概念是狭义相对论的理论核心。然而我们讲过，并不是爱因斯坦创立了这一概念。实际上，他于 1905 年发表了关于狭义相对论的第一篇文章。他在文章中推演出随参照系变化的时间和空间变换法则，这些法则可以让所有的观察者测量的光的速度不变（我们称之为"洛伦兹变换"，因为它是由洛伦兹首先发现的，只是和爱因斯坦的解读方法有不同）。然而三年后，在 1908 年，闵可夫斯基证明了这些变换与一个拥有四个维度的空间中的旋转相对应。闵可夫斯基证明了，虽然爱因斯坦证明空间和时间是相对的，而四维的时空统一体却不是相对的，是绝对的：它拥有一个独立于参照系之外而存在的现实。之后的四年中，爱因斯坦一直认为闵可夫斯基的结构是一个没有物理基础的简单的数学游戏。然而也许是命运的嘲弄，在 1912 年，爱因斯坦意识到，闵可夫斯基的时空是将重力考虑进狭义相对论的重要因素，因此三年后他提出了广义相对论的理论。事实上，通过扭曲时空，而不仅仅是扭曲空间，爱因斯坦成功地创立了他的万有引力理论。【事实上，1905 年庞加莱就发现了洛伦兹变换和四维时空中的旋转是相对应的。他也认识到这些变换可以构成一个组，而且他只是通过数学方法就发现了不变式 $s^2=r^2-t^2$（参见第三部分）以及速度叠加法则，然而他并没有像爱因斯坦一样实现理论的飞跃。事实上，在 1912 年他去世之前，他终生都在反对爱因斯坦的革命性的解释。庞加莱认为，时间的变慢并不是真实的效应，只是由于信息从一个参照系到另一个参照系非瞬时

传送引起的一种幻象——比如对时钟进行比较。】

万有引力效应

在通过原子钟证明时间变慢的实验中，一只钟留在地面上，另一只钟随飞机飞行，这里关系到两个不同的相对效应。首先是我们已经讨论过的狭义相对论效应（两个参照系的相对运动）。但是还存在一个广义相对论的效应，因为重力也会使时间变慢。然而飞机上的原子钟和地面上的原子钟承受的重力是不一样的（因为它们的高度不同）。由于两只钟承受的重力不同，因此它们变慢的方式也不同。要考虑到这两个效应，实验结论才能和理论相一致。另外，我们还提到一个现象，那就是重力影响下的时间变慢和狭义相对论中所说的时间变慢是不同的；而且这不是一个对称的效应：一个处于重力磁场中的观察者的时间变慢了，而另一个处于重力磁场外的观察者的时间则变快了。

日常生活中的相对论

近年来，人们将相对论原理应用在了日常生活中，于是发明了GPS（全球定位系统），它通过借助绕地卫星的信号，实现对飞机、船舶和登山运动员的准确定位。这个系统通过比较来自四个不同卫星的信号（信号传播的速度等于光速）的传输时间来实现准确定位。由于信号的传播速度非常快，因此我们使用的原子钟的准确度也必须非常高。事实上，卫星上携带着原子钟。然而每一个卫星相对于地球表面都是处于运动中的，它们所承受的重力作用比地面上要弱。因此，由于这两个原因（如我们之前讲到的），卫星上时间的流逝和地球上的时间是不一样的。为了让全球定位系统正常工作，必须把时间的膨胀的两个相对效应考虑进去。简言之，

每一次你所乘坐的飞机穿过云雾或者暴风雪安全着陆，都是自动导航和全球定位系统的功劳，因为在这种天气里，飞行员是什么都看不到的，我们也要感谢爱因斯坦和他的相对论！（我们需要四个卫星信号是因为有四个未知参数：我们需要知道所定位地点的三个坐标以及当地的准确时间；通过对从卫星上传送回来的信息进行计算，我们可以得到当地的准确时间，因为船舶、飞机和登山者都没有携带原子钟……）

质量的相对增加

我们可以将物体由于运动导致的质量增加看作是 $E=mc^2$ 关系的结果。物体移动的速度越快，它的动能就越大，因此和动能相关的质量也就越大。可是，物体的物理质量实际上并没有增大，因为如果是这样的话，只要改变参照系也可以使物体的质量发生变化，也就是说我只要通过改变我相对于某一个物体的速度，这个物体的质量就会变化！可是这个效应却是非常具体的。也就是说，我们会感觉到物体的质量好像增加了。事实上，在第六章中，我们就试图用一个假想的方法来解释这个效应，这个效应是由时空的几何属性产生的。无论如何，物体的质量（约）等于物质的量。因此物质的量受速度影响——尤其是受相对速度影响——的观点是有违常理的（如我们之前所说，我们可以通过改变自己的运动状态来改变火箭的相对速度）。同理，区区一个相对速度就可以对物体进行物理压缩，这个观点也是很荒谬的。（因此"静止质量"和"相对质量"这样的术语也会带来混淆。最好还是用"质量"来代表"静止质量"，用"惯性"来代表"相对质量"；质量是物质的量，而惯性则和总能量相关。质量是恒定的，而惯性则和速度有关。）另外

要注意，当活页的缝隙在第 31 页图 23 的宇宙长条上发生旋转时，杆子变长了，可是它物质的量却没有增加。事实上，不要忘记这个长条是由构成杆子的原子的宇宙线组成的：当缝隙发生旋转，它所截取的是同等数量的线条（图 50）。

过去与未来的区别

在第五章，我们提到了一个观察者眼中的过去可能是另一个观察者眼中的未来（图 32 到图 34）。值得注意的是，过去和未来的颠倒只发生在"类空间"的事件中，也就是说无法联系到一个速度小于或等于光速的信号上（在图中我们看到，信号从一个爆炸点到另一个爆炸点的速度必须超过光速）。当这些事件联系在一个速度小于或等于光速的信号上时，也就是说它们联系时序是由因到果，那么它们的过去和未来就不能互换，也就是说这里不存在因果颠倒的现象，这个我们在第六章中已经有所解释了。

闵可夫斯基时空图

我们之前讲到过了，在我们的演示方法中，相对论的效应是颠倒的，这个颠倒是由于我们要在平面上描绘一个不是平面的空间；再具体一点说，因为我们要在欧几里得几何图上描绘闵可夫斯基空间。实际上，闵可夫斯基所描绘的二维空间也是无法在一个平面上表现的（即便是不把时间维度看作是虚构的，参见第 92 页第三部分）。事实上，我们在教科书中找到的常见的闵可夫斯基图也有问题（和我们使用的图不同），因为实际上这些图是将非欧几里得的情况用欧几里得的方式表现出来。因此，在闵可夫斯基图中，当 x 轴和 t 轴改变方向

时（也就是当我们由一个参照系转到另一个参照系时），这两个轴的比例尺也会发生变化，而这就是一个投影方法。关于地球的投影，也是使用了相同的现象，例如墨卡托投影（第 41 页图 29），在这张世界地图里，轴的比例尺就会由于方向的改变而发生变化（尤其是在接近两极的地方）。然而绘制世界地图所遇到的问题和描绘闵可夫斯基空间所遇到的困难是有本质差异的。要描绘地球，我们只是观察地球上一个很小的区域，由投影导致的变形就可以忽略不计了（也就是说地球的表面是局部欧几里得式的）；只有在对地球进行总的投影时才会遇到问题。而闵可夫斯基空间就不是这种情况，即使是局部区域（非常小的区域）也无法被描绘。这就是它显得神秘的原因。尽管如此，虽然我们无法在平面上描绘二维的闵可夫斯基空间，也无法在立体空间里体现三维的闵可夫斯基空间，可是它就像地球表面一样真实和具体。你要证据吗？我们生活的空间就是证据！

电磁场

麦克斯韦方程将电的现象和磁的现象统一在一起。然而直到相对论的出现，这两种现象之间的深度联系才正式建立起来。一个小的表象悖论可以使我们明白这个关联。假设有一根通电的电线，那么它周围就产生了磁场。一个沿电线运动的电荷（图 51a）就会承受径向磁力，而由于电荷正负的不同，磁场力可以让电荷靠近或者远离电线。由于电线是中性的，所以这里并没有电场。现在，我们设想有一个参照系以和电荷相同的速度向右移动。在这个参照系中，电荷是相对静止的（图 51b）。由于相对静止，电荷的速度为 0，那么它就不承受磁力

图 50

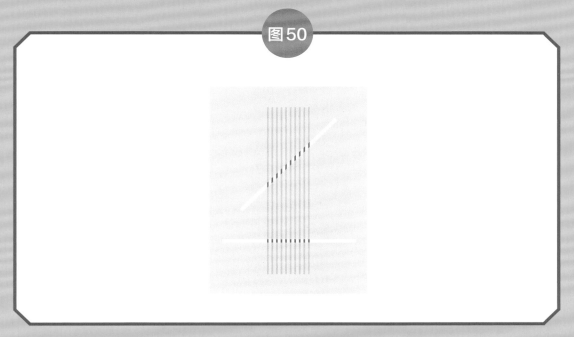

构成物体的原子的宇宙线。 物体长度的变化不会改变物质的量：它所包含的原子数量没有改变。

图 51

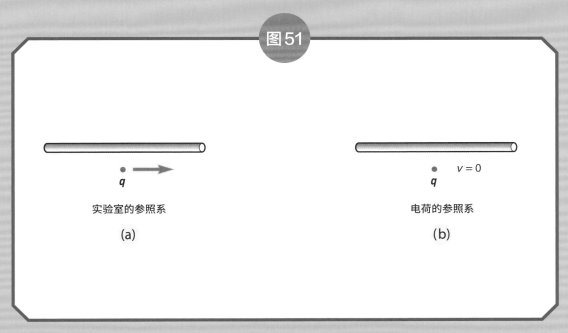

q

实验室的参照系

(a)

$v = 0$

q

电荷的参照系

(b)

另一个表象悖论。 （a）沿导流电线移动的电荷承受磁力。（b）在电荷参照系中，粒子是静止不动的，因此不承受磁力！

了！那么是什么力量让它靠近或者远离电线呢？貌似在这两个参照系的视角之间存在着一个矛盾。如何解决这个悖论呢？事实上，解决方法很简单：如图 52 所示，从电荷视角看，电线并不是中性的！（请认真读图片下面的介绍。）事实上，电线中的正负电荷以不同的速度发生运动，它们各自的密度（在实验室参照系中是相同的）会受参照系变化影响，因此会在电线中产生非零的有效电荷。然而，一根通电的电线就会产生径向电场！因此从电荷视角看，是电力让电荷靠近或者远离电线。于是在实验室参照系看来是磁场的物质，在电荷参照系中则是电场。注意这里的一致性：如果电荷沿电线向右或向左运动，从实验室视角看，它会承受向上或者向下的磁力，而从电荷视角看，电线带正电或带负电（图52b 或 c），电荷承受向上或向下的电力。（不要忘记我们描述的空间中效应是相反的。）磁场只是一个伪装的电场，也就是一个由于相对论的长度收缩效应产生的电场。现在我们明白为什么磁力必须取决于速度：电荷运动得越快，电线带电越高，它承受的电力就越大！（请注意，在我们的日常生活中，也有一个可以感受到的相对效应。这个例子会更令人惊讶。在电线中，电子漂移的速度是非常慢的，每秒 1 毫米！这是因为电线中电荷的密度是非常高的。正负电荷之间非常小的密度差都可以带来非常强的电场。）

光速

由于光速的特殊性，我们一直在以光速为参照。但最重要的并不是光速本身，而是在宇宙中，必须存在一个速度的绝对极限。这个速度的极限等于光在真空中传播的速度，这个是其次的。换言之，

是否存在某一个物体（光或者其他），其速度可以达到这个绝对速度，这一点并不重要。当然了，经过实验我们发现，光的速度等于这个速度极限。但是如果有一天我们通过非常精密的实验，发现光的速度比这个绝对速度要稍低一点，并且也不是恒定不变的（例如光子在静止时质量并不为零），这也不会颠覆相对论的理论。你也许会感到惊奇，因此从传统上讲，相对论的理论基础就是两个假设：相对性原则和光速的不变性。然而，我们可以证明，第二个假设并不是必要的。实际上，我们可以不参照光速（使用群论等理论）就可以用数学的方法推导出相对论的公式。在相对论公式中，恒定不变的 c 代表不变的速度极限。因此绝对速度极限的存在是相对论的一个结果。可是相对论并没有要求在大自然当中必须有一个物质的运动速度要达到这个极限。也就是说，相对论并没有要求这个速度极限要和光速相等。我们还可以通过不涉及光的实验来确定这个速度极限的数值，例如测量电子在加速器中的最大速度。事实上，仔细想来，光速没有出现在相对论的理论创立当中，这其实非常正常；虽然这个结论让人有些吃惊。实际上，相对论是包含引力、核能和电磁学在内的整个物理学领域的理论框架基础。然而，光怎么能参与到引力和核力的相互作用中呢？当然不能。那么这个作为所有相互作用力基础的理论为什么要赋予光一个特殊位置呢？因此我们可以认为，一些关于相对论的传统演示都有"人为"干预，因为它们都是建立在光信号的传播上（例如，钟表同步，讨论相对同时性，演示时间的膨胀，等等）。可是正如我们之前说过的，即使宇宙中没有光，相对论还是有效的。需要注意的是，通过我们的时空图，大家可以大致理解我们所说的内容：

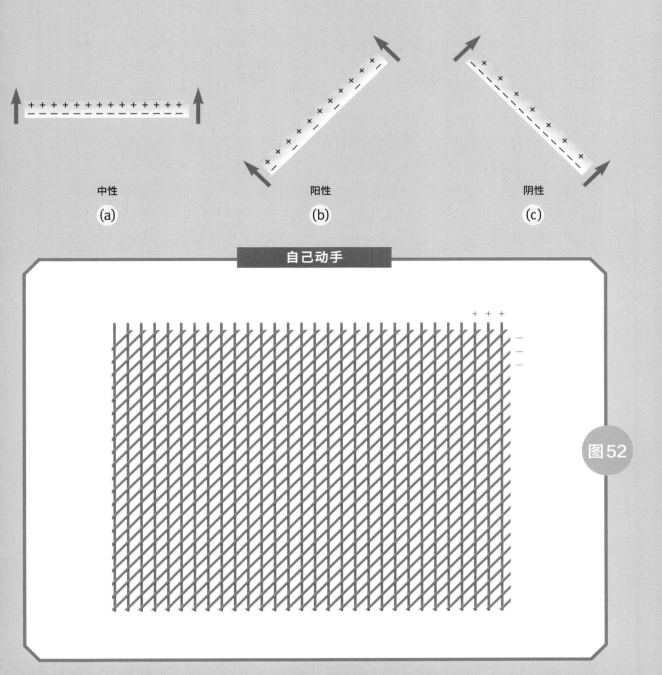

中性 (a) 阳性 (b) 阴性 (c)

自己动手

图52

随速度改变电线的负荷发生变化。图中表现的是电线中的质子和电子的宇宙线。由于电流出现，电子发生运动（宇宙线发生倾斜；倾斜角度比较大）。对于一个相对于电线静止的物体来说【情况（a）】，正负电子的密度是一致的，因此电线是中性的。（将缝隙放置在图片上以便观察这个密度的相同。缝隙完全水平放置。）相反，对于一个沿电线运动的物体来说【情况（b）和（c）】，正负电子的密度不等：根据运动方向的不同，电线可能带正电或者负电。请注意观察正负电荷的相对密度是如何随缝隙倾斜角度的改变而变化的。同样也要注意，如果没有电流（电子的宇宙线是垂直的），即使参照系发生变化，正负电子的密度始终相等，也不会出现有效的电荷。

例如在第73页图46中，在不以光为参照的情况下，我们证明了宇宙中速度极限存在的必要性（为了避免因果颠倒的产生）[2]；再举另一个例子，第三部分中的图54，也在不以光为参照的情况下，推演出了洛伦兹变换（欧几里得式的）；常数 c（在这里被定为1）只是被用作时间和空间单位转换的因子[3]。

比光速更快

请注意，严格地讲，相对论并不是不允许比光速更快的速度存在。它所不允许的是超过光速。也就是说，一个普通的物质，它的运动速度可以是0到光速之间，但是不能超过光速。但是我们可以想象一个目前我们还不知道的物质，它的运动速度一直是超过光速。也就是说，这种物质的运动速度只能是光速和正无穷之间，它不能超越光速这个极限，也就是说比光速低。我们把这类特殊的粒子称为"快子"。它们有各种神奇的属性，关于它们的研究是另一回事，还没有发现它们，这些自不用说。

3）　数学角度

欧几里得空间 & 闵可夫斯基空间

在欧几里得的二维空间中（也就是普通时空），勾股定理的惯用公式是有效的：$r^2=x^2+y^2$。

当长度为 r 的线段发生了旋转，即使分量 x 和 y 发生变化，长度 r 仍然保持不变。在欧几里得的二维时空中，我们用时间维度 t 来代替空间维度 y。于是我们得到：

$$s^2=x^2+t^2$$

数量 s，我们称之为时间间隔，代表着两个事件之间的时空"长度"。当参照系发生变化，x 和 t 发生变化，但是 s 保持不变（图53）。而在闵可夫斯基的时空中，公式却是：

$$s^2=x^2-t^2$$

在这个公式里，唯一的区别就是加号变成了减号，可是这样的空间几何是非常难被绘制在纸上的。然而，时间间隔 s 的解释不变：这仍然是一个不变的长度—— 但是在非欧几里得空间中，它变得不再直观。在四维空间中，公式变成了：$s^2=x^2+y^2+z^2-t^2$。因此在牛顿的理论中，物体的长度 r（$r^2=x^2+y^2+z^2$）不会发生变化，即便是它的坐标（x,y,z）发生变化；然而在相对论中，则是 s 不变，四个坐标（x,y,z,t）可以发生变化。如我们所见，不借助一点数学知识，我们还是很难理解闵可夫斯基空间的性质的。当然，真实的时空是闵可夫斯基描述的时空而不是欧几里得的时空，这一点是很重要的，但是这和我们的概述关联不大（之后我们也将弥补这一差距）。

2. 如果我们假设缝隙发生了旋转。实际上，我们可以想象，这条缝隙在向上滑动的过程中，保持水平得向左边移动了；这个和伽利略变换相符合。那么这时就不需要有速度极限了。当然，也就不会产生相对效应，没有长度的压缩，没有时间的膨胀，同时性也是绝对的。这时有两种可能性。一种是缝隙在参照系发生变化时发生了旋转，这就意味着三个相对效应全部存在，并且还存在着一个速度极限（c 不是无穷大）。另一种则是缝隙没有发生旋转，在这种情况下，不存在相对效应，也不存在速度极限（c 是无穷大）。事实上，第二种可能性是第一种可能性的一个特殊情况。

3. 事实上，这个常数控制着时间和空间的相对比例，也就是说，它控制着缝隙倾斜角度和参照系改变速度之间的关系。

图53

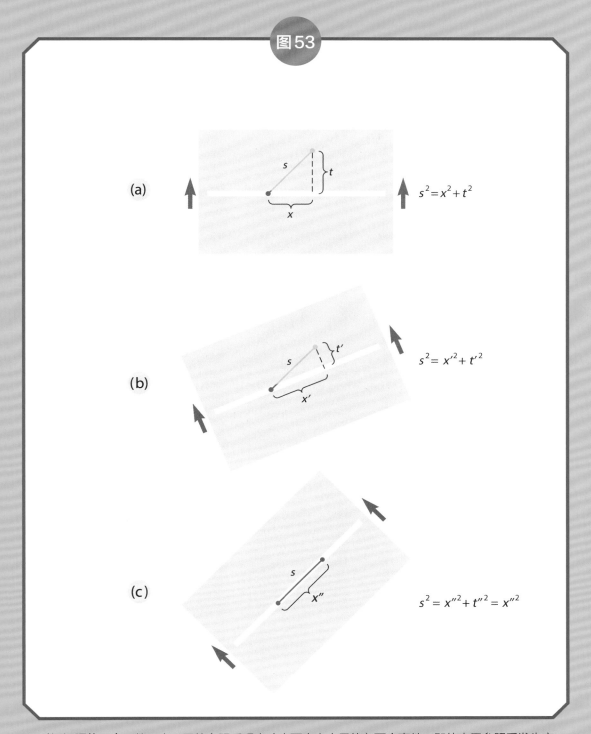

(a)

$$s^2 = x^2 + t^2$$

(b)

$$s^2 = x'^2 + t'^2$$

(c)

$$s^2 = x''^2 + t''^2 = x''^2$$

时间间隔的不变。 从三个不同的参照系观察（由两个点表示的）两个事件。即使由于参照系发生变化，两个事件之间的距离 x 和两者之间的时间间隔 t 都发生变化，时间间隔 s 始终保持不变。在第三个参照系中，事件是同时发生的。

时间间隔

相对论的一个基础就是从一个参照系到另一个参照系之间的时间间隔是不变的。当我们研究洛伦兹变换时，这个不变性是一个神秘的隐藏属性，它的表现也不明显。相反地，在时空框架下，它的表现就很明显了：两个事件之间的时空距离就是时间间隔 s，因此对所有的参照系来说都必须有一个不变的常量！更重要的是：时间间隔独立于参照系而存在，因为它是被直接"描绘"在空间中的；因此它是一个绝对概念。事实上，只要将研究重心放在时间间隔的关键作用上，即使不涉及洛伦兹变换，我们依然可以非常严谨地研究相对论（参见之后的段落）。

光速不变原理

当我们考虑到单位，（闵可夫斯基的）时间间隔公式是 $s^2=x^2-c^2t^2$，其中 c 代表光速。如果一个物体的运动速度等于光速，那么它的时间间隔为 0（因为速度 $v=x/t=c$，可以得出 $x^2=c^2t^2$，因此 $s=0$）。然而在另一个参照系中，时间间隔保持不变，仍然为 0，因为 $s^2=x'^2-c^2t'^2=0$。于是在新的参照系中，物体的速度还是 $v'=x'/t'=c$，因此仍然为 c。也就是说，如果光在一个参照系中的传播速度为 c，那么无论在任何一个参照系中，光的速度始终不变。因此，光速的不变性就意味着光的时间间隔为 0。（这个例子可以印证我们之前所说的：只要通过研究时间间隔，即使不涉及洛伦兹变换，我们依然可以非常严谨地研究相对论。）

虚构的时间

值得注意的是，我们可以把人类所处的时空认作是欧几里得时空（而非闵可夫斯基时空），但是在这种情况下，在数学的意义上讲，我们就要把时间看作是一个虚构的维度。实际上，在 $T=it$ 的情况下（i 是 −1 的平方根），欧几里得的时间间隔可以被写成 $s^2=x^2+T^2$，可以

推导出 $s^2=x^2-t^2$，也就是闵可夫斯基的公式。例如在我们的演示中，借助一点几何手段，我们可以很轻松地证明杆子的长度和与点闪烁的时间和速度有关，并且得到以下的公式：$l=(1+v^2/c^2)^{1/2}l_0$ 和 $t=(1+v^2/c^2)^{-1/2}t_0$，其中下标"0"代表的是静止时的数值，t 实际上是 Δt（参见图54）。这些其实就是爱因斯坦的公式，只是使用了不同的符号表示而已。现在，如果我们认为时间是虚构的，也就是如果我们用 it 来代替 t，那么 v^2 也会被 $-v^2$ 代替，因为 $v^2=x^2/t^2$。我们得到了正确的公式。（这再一次证明了我们可以通过时空框架的动机推导出相对论的常用公式。）同样，我们也可以轻松地得到速度叠加公式，也就是 $v=(v_1+v_2)/(1-v_1v_2/c^2)$（参见第 96 页图55）。大家可以注意到时空的旋转是如何帮助我们轻松理解，速度为什么不是以我们常用的方法进行相加。这个看上去和我们直觉相反的现象现在变得非常正常！通过用 it 代替 t（也就是 $-iv$ 代替 v），我们可以得到爱因斯坦的公式：$v=(v_1+v_2)/(1+v_1v_2/c^2)$。值得注意的是，这个公式意味着，无论给光速加上什么样的速度，得到的结果依然是光速！也就是说，对于所有的观察者来说，无论其自身的运动速度是多少，他们能够测量到的光的速度都是一样的。（本书所介绍的简化的方法有一个最大的漏洞，就是貌似无法让大家理解光速的不变性，而这里的讨论可以很好地弥补这一漏洞。）

图54

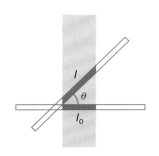

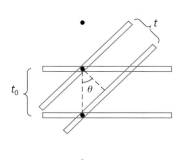

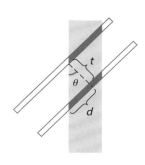

杆子的长度

$$l = \frac{l_0}{\cos\theta}$$

(a)

两个闪烁之间的时间

$$t = \cos\theta \ t_0$$

(b)

杆子（或者一个点）的速度

$$v = \frac{d}{t} = \tan\theta$$

(c)

上图中：（a）静止长度（l_0）和膨胀长度（l）的对比；（b）静止时的时间（t_0）和压缩的时间（t）的对比；（c）根据缝隙倾斜的角度（θ）计算物体的速度；物体在时间t内运动距离为d。

通过（c）部分，我们得到公式：

$$v^2 = \tan^2\theta = \frac{\sin^2\theta}{\cos^2\theta} = \frac{1-\cos^2\theta}{\cos^2\theta}$$

为了求得cosθ，我们得到：

$$\cos\theta = \frac{1}{\sqrt{1+v^2}}$$

将这个表达式代入（a）和（b）中，我们最终得到：

$$l = \sqrt{1+v^2} \ l_0$$
$$t = \frac{1}{\sqrt{1+v^2}} \ t_0$$

为了简化，我们提出：

$$c = 1$$

欧几里得式的洛伦兹变换的演示： 长度的膨胀和时间的压缩。如果我们用 it 代替 t（因此可以用 $-iv$ 代替 v，并且 i 是 -1 的平方根），我们可以得到爱因斯坦的公式（参见第94页文字）。我们也可以用相同的方式来证明全部的洛伦兹变换。

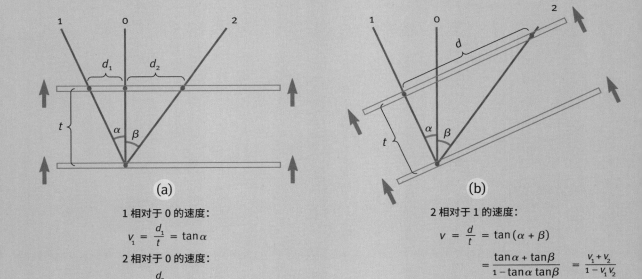

(a)

1 相对于 0 的速度:

$$v_1 = \frac{d_1}{t} = \tan \alpha$$

2 相对于 0 的速度:

$$v_2 = \frac{d_2}{t} = \tan \beta$$

(b)

2 相对于 1 的速度:

$$v = \frac{d}{t} = \tan(\alpha + \beta)$$

$$= \frac{\tan\alpha + \tan\beta}{1 - \tan\alpha \tan\beta} = \frac{v_1 + v_2}{1 - v_1 v_2}$$

图 55

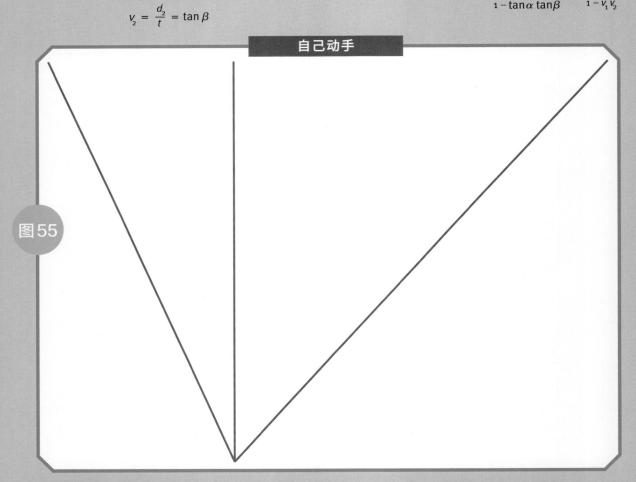

自己动手

速度叠加欧几里得公式的演示（使用一个与切线相关的三角形）。如果我们再次用 it 代替 t（也就是用 $-iv$ 代替 v），那么我们可以得到闵可夫斯基公式（参见第 94 页文字）。

会动的相对论

[加] 斯蒂芬·杜兰德 著
张芳 译

**Comprendre Einstein
en animant soi-même
l'espace-temps**

By Stéphane Durand

图书在版编目（CIP）数据

会动的相对论：一张卡片发现爱因斯坦的神奇时空 /
（加）斯蒂芬·杜兰德著；张芳译.—北京：北京联合出版公司，
2018.6
ISBN 978-7-5596-1960-0

Ⅰ.①会... Ⅱ.①斯... ②张... Ⅲ.①相对论－普及读
物 Ⅳ.① O412.1-49

中国版本图书馆 CIP 数据核字 (2018) 第 075936 号

Originally published in France as :
Comprendre Einstein en animant soi-même l'espace-
temps by Stéphane Durand
© Editions Belin/Humensis, 2014
Current Chinese translation rights arranged through
Divas International, Paris
巴黎迪法国际版权代理 (www.divas-books.com)
Simplified Chinese edition copyright: 2018 United Sky
(Beijing) New Media Co., Ltd.
All rights reserved.

北京市版权局著作权合同登记号 图字:01-2018-2551 号

选题策划	联合天际·边建强
责任编辑	杨 青　高霁月
特约编辑	边建强
顾 问	汪 洁
美术编辑	Caramel
装帧设计	@broussaille 私制

未读
UnRead
探索家

出 版	北京联合出版公司
	北京市西城区德外大街 83 号楼 9 层　100088
发 行	北京联合天畅发行公司
印 刷	北京博海升彩色印刷有限公司
经 销	新华书店
字 数	140 千字
开 本	787 毫米 × 1092 毫米 1/16 6 印张
版 次	2018 年 7 月第 1 版 2018 年 7 月第 1 次印刷
I S B N	978-7-5596-1960-0
定 价	68.00 元

关注未读好书

未读 CLUB
会员服务平台